前　言

光电信息技术近年来发展迅速，但面向高校相关专业人才培养需求的实验教材还相对较少。为适应新工科培养需求，总结多年光电信息技术实验教学实践经验，编写了这本实验教材。全书涵盖波动光学的干涉、衍射、偏振实验；激光原理中的激光纵模、激光横模产生、高斯光束的特性和传输变换实验；光的调制中的电光、声光、磁光调制、数字与模拟信号的光传输实验；光学信息处理中的空间滤波、光学微分处理、光学图像相减、θ调制实验；光纤传感中的光纤传光、温度传感、应力传感、光栅传感实验；红外物理特性与光电对抗实验；激光混沌通信中的半导体激光器混沌产生、同步、随机数生成、密钥分发等实验内容。基础理论力求通俗易懂，实验项目内容充实，充分考虑光电信息技术的实际应用，利于教学和学生独立实验。

本书由课程组共同编写，分工如下：第 1 章由吴天安负责，第 2 章由张胜海负责，第 3 章由张晓旭、尹彬负责，第 4 章由陈文博负责，第 5 章由卫正统负责，第 6 章由兰淑静负责，第 7 章由张晓旭、张胜海负责。阚婷婷、陈娆、卢可可、李博在文字校对和绘制插图方面做了大量细致的工作。张胜海对全书内容进行了统稿和校对，并反复与参编人员沟通讨论，征求意见，最后定稿。

本书在编写过程中，参考、借鉴、引用了许多相关教材的内容，在此表示衷心的感谢！本书是在信息工程大学"双重"建设项目资助下完成的。

由于编者水平有限，书中不当之处在所难免，恳请读者不吝指正。

编　者
2023 年 5 月 24 日

光电信息技术实验

主编 张胜海

国防工业出版社

·北京·

内 容 简 介

本书以光电信息技术实践教学为出发点，基础理论尽可能通俗易懂，突出光电信息技术的实际应用，重视实践能力、分析与解决问题能力的训练和培养。

全书包括波动光学、气体激光原理、光的调制、光学信息处理、光纤传感、激光混沌保密通信、红外物理与光电对抗等实验内容，共35个实验项目，每部分还包括相关的基础理论简介。

本书可以作为高等学校信息与通信工程、网络安全、电子技术等专业高年级本科生实验教材，也可以作为相关专业研究生的实验教材。

图书在版编目(CIP)数据

光电信息技术实验/张胜海主编. —北京：国防工业出版社,2023.9
ISBN 978 – 7 – 118 – 13069 – 0

Ⅰ.①光… Ⅱ.①张… Ⅲ.①光电子技术—信息技术—实验—高等学校—教材 Ⅳ.①TN2 – 33

中国国家版本馆 CIP 数据核字(2023)第 173779 号

※

国防工业出版社出版发行
(北京市海淀区紫竹院南路23号 邮政编码100048)
三河市天利华印刷装订有限公司印刷
新华书店经售

*

开本 787×1092 1/16 印张 10½ 字数 233 千字
2023 年 9 月第 1 版第 1 次印刷 印数 1—2000 册 定价 59.00 元

(本书如有印装错误，我社负责调换)

国防书店：(010)88540777　　　书店传真：(010)88540776
发行业务：(010)88540717　　　发行传真：(010)88540762

本书编委会

主　　编　张胜海
副 主 编　吴天安　张晓旭
参　　编　卫正统　陈文博　兰淑静　尹　彬

目 录

第1章 波动光学实验 ... 1

1.1 引言 ... 1
1.2 波动光学基础知识 ... 1
1.3 实验项目 ... 23
实验1.1 光的干涉与衍射 ... 23
实验1.2 激光偏振度的测量及偏振片透振方向的标定 ... 24
实验1.3 晶体双折射与角度测量 ... 26
实验1.4 $\lambda/2$ 波片、$\lambda/4$ 波片快(慢)轴的标定及椭圆(圆)偏振光的产生 ... 27
实验1.5 测量波片的相位延迟 ... 28
参考文献 ... 29

第2章 气体激光器原理实验 ... 30

2.1 引言 ... 30
2.2 激光原理基础知识 ... 30
2.3 实验项目 ... 44
实验2.1 半外腔氦氖激光器的调节与输出功率测量 ... 44
实验2.2 激光器纵模模式分析 ... 46
实验2.3 激光偏振态的验证与横模模式观察 ... 48
实验2.4 氦氖激光器发散角、激光扩束与高斯光束的束腰变换 ... 50
参考文献 ... 55

第3章 光调制技术 ... 56

3.1 引言 ... 56
3.2 光调制技术基础知识 ... 56
3.3 实验项目 ... 73
实验3.1 基带调制和副载波调制实验 ... 73
实验3.2 音频模拟信号和数字信号内调制传输实验 ... 76
实验3.3 铌酸锂晶体会聚偏振光的干涉 ... 77

实验 3.4　铌酸锂晶体半波电压和电光系数的测量 ········· 78
实验 3.5　测量 1/4 波片不同工作点的输出特性 ········· 79
实验 3.6　电光调制通信传输实验 ········· 80
实验 3.7　磁光效应实验 ········· 81
实验 3.8　利用声光效应测量超声波波速实验 ········· 82
实验 3.9　晶体的声光调制 ········· 83
参考文献 ········· 85

第4章　光学信息处理实验 ········· 86

4.1　引言 ········· 86
4.2　空间光学信息处理基本原理 ········· 86
4.3　光学信息处理系统及应用举例 ········· 92
4.4　实验项目 ········· 101
实验 4.1　空间滤波实验 ········· 102
实验 4.2　光学微分处理实验 ········· 103
实验 4.3　光学图像相减实验 ········· 104
实验 4.4　θ 调制空间假彩色编码实验 ········· 106
参考文献 ········· 107

第5章　光纤传感实验 ········· 108

5.1　引言 ········· 108
5.2　光纤传感基本原理 ········· 108
5.3　实验项目 ········· 115
实验 5.1　光纤传光实验 ········· 115
实验 5.2　光纤温度传感实验 ········· 116
实验 5.3　光纤应力传感实验 ········· 117
实验 5.4　光纤光栅传感实验 ········· 118
参考文献 ········· 119

第6章　激光混沌保密通信实验 ········· 120

6.1　引言 ········· 120
6.2　激光混沌保密通信基础知识 ········· 120
6.3　实验项目 ········· 134
实验 6.1　激光混沌产生实验 ········· 135
实验 6.2　激光混沌随机数采集和检测实验 ········· 135

实验6.3　激光混沌同步实验 …………………………………………………… 136
　　实验6.4　激光混沌保密通信实验 ………………………………………………… 136
　　参考文献 ……………………………………………………………………………… 137

第7章　红外物理与光电对抗实验 ……………………………………………… 138
　　7.1　引言 …………………………………………………………………………… 138
　　7.2　红外物理基础 ………………………………………………………………… 138
　　7.3　光电对抗 ……………………………………………………………………… 146
　　7.4　实验项目 ……………………………………………………………………… 150
　　实验7.1　红外光学材料的特性研究 ……………………………………………… 151
　　实验7.2　红外发射管的特性研究 ………………………………………………… 152
　　实验7.3　红外接收管的伏安特性研究 …………………………………………… 153
　　实验7.4　光电探测与侦查报警实验 ……………………………………………… 154
　　实验7.5　光电信号解析与干扰实验 ……………………………………………… 156
　　参考文献 ……………………………………………………………………………… 157

第 1 章　波动光学实验

波动光学实验包括 6 个实验项目,内容涵盖干涉、衍射、偏振等波动光学的基本现象及其应用。通过本章实验的学习,使学生建立清晰的光学物理图像、掌握波动光学的基础知识、深入认识光学的基本概念和基本规律、了解波动光学在生产生活、国防军事等方面的应用。

1.1　引言

光的波动学说首先是由惠更斯在 1690 年提出的,但由于自身的局限性,并未完全被人们所接受。19 世纪初,托马斯·杨、马吕斯、菲涅耳等的实验和理论工作,使光的波动理论更加完善,很好地解释了光的干涉、衍射现象,初步测定了一些光的波长,并根据光的偏振现象确认光是横波。19 世纪 60 年代,麦克斯韦建立了光的电磁理论,认识到光是一种电磁波。以光的波动性质为基础研究光的传播及光与物质相互作用的光学分支称为波动光学,它涉及光的干涉、衍射和偏振等现象。波动光学的研究成果使人们对光的本性的认识得到了深化。在应用领域,以干涉原理为基础的干涉计量术为人们提供了精密测量和检测的手段,其精度提高到前所未有的高度;衍射理论指出了提高光学仪器分辨本领的途径;衍射光栅已成为分离光谱线以进行光谱分析的重要色散元件;利用光的偏振性所开发出来的各种偏振光元件、偏振光仪器和偏振光技术在现代科学技术中发挥着极其重要的作用,在光调制器、光开关、光学计量、应力分析、光信息处理、光通信、激光和光电子学器件等方面都有着广泛应用。特别在激光问世后,从光的波动性出发又发展出光学信息处理、全息术、纤维光学和非线性光学等新的分支,大大扩展了波动光学的研究和应用范围。在进行波动光学实验之前,首先需要对波动光学一些基本概念及原理有初步了解,主要是波的概念与数学描述,波的时间周期性,波的叠加原理及典型叠加过程,进一步引入干涉概念和光的偏振态,最后对波在两种介质界面上反射和折射的有关问题进行细致分析。

1.2　波动光学基础知识

1.2.1　波的基本概念

从力学中已经知道,振动状态在空间的传播形成了波。振动的振源称为波源,振动所到达的空间区域称为波场。波是自然界中物质运动相当普遍的一种形式,如力学中的机械波、电磁学中的电磁波等。在波动中,波场中任一位置处总有某个(或数个)物理量随时间变化而振动,该物理量一般是矢量,如机械波中质点的位移,电磁波中的电场强度 E

和磁场强度 H 等,这种矢量称为振动矢量,相应的波称为矢量波。依振动矢量的方向与波的传播方向是垂直还是平行,波可以分为横波和纵波。当然,在某些波动中,既含有纵波成分,又含有横波成分,如地震波。在某些情况下,如果所考察的振动物理量是标量,如在声波中,当不仔细分析介质中质点的位移,而考察空间中某一宏观上足够小、微观上足够大的局域内密度随时间变化时,相应的波则称为标量波。在许多实际应用中,当振动物理量的矢量性对所考察具体问题不起显著作用,或者仅考虑振动矢量的某一个分量时,亦可把矢量波简化为标量波进行处理。

在波动中,如果空间各点振动物理量都做同样频率的简谐振动,则相应的波称为单色简谐波。单色简谐波仅是一种理想模型,在现实中并不存在,但它的引入对波动问题的处理带来极大简化和方便。实际波动可以看做各种不同频率单色简谐波的叠加。

1.2.2 光的电磁理论基础

光波是一种电磁波,即电磁振动的传播,它的存在和波动性由麦克斯韦方程组得到解释。在各向同性介质中,不考虑自由电荷和传导电流的情况下,国际单位制中的麦克斯韦方程组的微分形式为

$$\begin{cases} \nabla \cdot \boldsymbol{E} = 0, \\ \nabla \cdot \boldsymbol{H} = 0, \\ \nabla \times \boldsymbol{E} = -\mu \dfrac{\partial \boldsymbol{H}}{\partial t}, \\ \nabla \times \boldsymbol{H} = \varepsilon \dfrac{\partial \boldsymbol{E}}{\partial t}. \end{cases} \quad (1.1)$$

其中 μ 和 ε 分别为介质的磁导率和介电常数。对第三式取旋度,并将第四式代入,利用矢量分析公式和第一式,可得到

$$\nabla^2 \boldsymbol{E} - \mu\varepsilon \frac{\partial^2 \boldsymbol{E}}{\partial t^2} = 0 \quad (1.2)$$

对于 H,同理可得到

$$\nabla^2 \boldsymbol{H} - \mu\varepsilon \frac{\partial^2 \boldsymbol{H}}{\partial t^2} = 0 \quad (1.3)$$

若令 $v = 1/\sqrt{\varepsilon\mu}$,则式(1.2)和式(1.3)可以写为

$$\nabla^2 \boldsymbol{E} - \frac{1}{v^2} \frac{\partial^2 \boldsymbol{E}}{\partial t^2} = 0 \quad (1.4)$$

$$\nabla^2 \boldsymbol{H} - \frac{1}{v^2} \frac{\partial^2 \boldsymbol{H}}{\partial t^2} = 0 \quad (1.5)$$

式(1.2)与式(1.3),式(1.4)与式(1.5)所示的偏微分方程为波动方程,它们的通解是各种形式以速度 v 传播的波的叠加。E 和 H 满足波动方程,表明电场和磁场的传播是以波的形式进行的。电磁波的传播速度 $v=1/\sqrt{\varepsilon\mu}$,真空中的波速 $c=1/\sqrt{\varepsilon_0\mu_0}$($\varepsilon_0$,$\mu_0$ 分别为真空介电常数和磁导率)。E 和 H 分别称为电磁波的电矢量波函数和磁矢量波函数。由于一般光学探测器件对电场更敏感,因此通常用电矢量来描述光波,也把光波中的电矢量称为光矢量。

1.2.3 单色简谐光波的波函数

本节的讨论对象限于理想单色波,主要讨论波动方程(1.4)的三种典型特解。也就是:平面波、球面波和柱面波。

1. 平面波

式(1.4)的一个特解可表示为

$$E(r,t) = E_0 \cos(k \cdot r - \omega t + \varphi_0) \tag{1.6}$$

式中:$E(r,t)$ 为光矢量波函数,E_0 为其振幅;余弦函数的整个自变量 $\varphi = k \cdot r - \omega t + \varphi_0$ 称为波的相位,φ_0 称为初相位,由初始条件决定;ω 为光的角频率,$\omega = 2\pi\nu = 2\pi/T$,$\nu$ 为光的频率,T 为光的周期,表示在空间某位置处波的相位 φ 改变 2π 所需要的时间,称为波的时间周期;k 为波矢量(简称波矢),其方向指向波的传播方向,其大小 $k = 2\pi/\lambda$,λ 为光的波长,表示沿着波的传播方向某时刻相位相差 2π 的两点之间的距离,称为波的空间周期,相应地,波矢 k 可认为是波的空间角频率矢量,$f = k/(2\pi) = 1/\lambda$ 即为光的空间频率的大小。

我们把某时刻相位相同的点构成的曲面称为等相面或波面,其中最前面的波面称为波前。显然,式(1.6)代表的波的等相面是平面,这就是单色平面简谐波的波函数。

在如图 1.1 所示的直角坐标系中,若波矢 k 与 x、y、z 轴正向的夹角分别为 α、β、γ,那么平面简谐波的波函数表示为

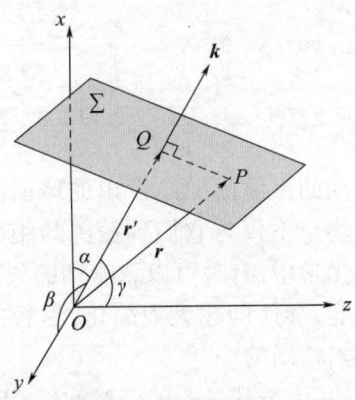

图 1.1　平面波

$$E = E_0 \cos(k_x x + k_y y + k_z z - \omega t + \varphi_0) \tag{1.7}$$

式中:$k_x = k\cos\alpha$,$k_y = k\cos\beta$,$k_z = k\cos\gamma$,分别为波矢 k 在 x、y、z 方向的分量。

显然,式(1.6)、式(1.7)描述了一列平面波沿任意方向 k 传播时,空间中任一点 P(位置矢量 $r = (x,y,z)$)光场的状态。当 $\alpha = \beta = k\pi + \dfrac{\pi}{2}$ 时,式(1.7)退化为:

$$E(z,t) = E_0 \cos(kz - \omega t + \varphi_0) \tag{1.8}$$

表示沿 z 轴方向传播的平面波。

有时,为了运算方便,例如在第 2 章处理信息光学的相关问题时,就把平面简谐波的波函数写成复数形式。例如把式(1.6)表示的波函数写为

$$\tilde{E}(z,t) = E_0 \exp[\mathrm{i}(k \cdot r - \omega t) + \varphi_0)] \tag{1.9}$$

这是由于,一方面式(1.6)实际上是式(1.9)的实数部分,另一方面可以证明,对复数表达式进行线性运算之后再取实数部分,与余弦函数式进行同样运算所得的结果相同。因此,我们可以用式(1.9)表示平面简谐波,只是对实际存在的场应理解为式(1.9)的实数部分。

如图1.2所示,把一个线度很小、单色性很好的光源S放在一个口径充分大的透镜L的前焦点位置,通过透镜后的出射光可以近似认为是单色平面波。这时光源S可近似认为是一个"点光源"。

2. 球面波

如图1.3所示,假设在真空中或各向同性的均匀介质中的S点放一个点光源,容易想象,从S点发出的光波将以相同的速度向各个方向传播,经过一段时间后,电磁振动所达到的各点将构成一个以S点为中心的球面,即等相面(波面)是球面,故这种光波称为球面光波。

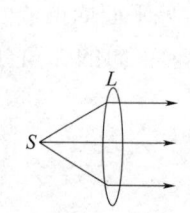
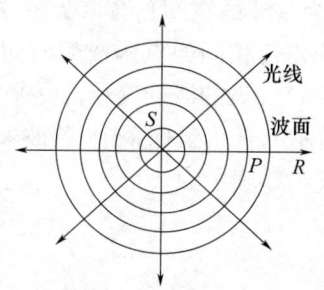

图1.2　单色平面波　　　　图1.3　球面波

对于一个在某个方向上振动的振源(光源)发出的球面波,要求出它的矢量表达式并不容易。因为这时空间各点的场量不仅与它们到振源的距离有关,而且也与它们相对于振源振动方向的方位有关。在光学中,有时可以忽略场的矢量性,而把光矢量的每个直角分量孤立地看作标量来研究问题,会使问题大大简化,尽管这是一种近似,但对于光的干涉、衍射等问题来说,仍然是相当精确的。

对于如图1.3所示的球面波,由于其具有球面对称性,因此只要知道沿某一方向上各点的波场变化规律,就可以知道整个空间波场的情况。考虑波动沿SP方向传播,显然距离S为r的P点的相位为$(kr-\omega t-\varphi_0)$,可以证明P点的振幅为

$$E_r = \frac{E_1}{r} \tag{1.10}$$

式中:E_1为距离S为单位距离的P_1点的光场振幅。因此单色球面简谐波的波函数可表示为:

$$E(r,t) = \frac{E_1}{r}\cos(kr-\omega t-\varphi_0) \tag{1.11}$$

式(1.11)表示的是发散球面波,若ωt前的"$-$"改为"$+$",即表示会聚球面波。当然,式(1.11)也可像式(1.6)一样表示为类似式(1.9)的复数形式。

3. 柱面波

波面为同轴圆柱面的波称为柱面波。如图1.4所示,柱面波可以利用单色平面波照

明一个细长狭缝来获得接近理想化的柱面波。可以证明柱面波的振幅与$\sqrt{r}$成反比,其波函数可以表示为

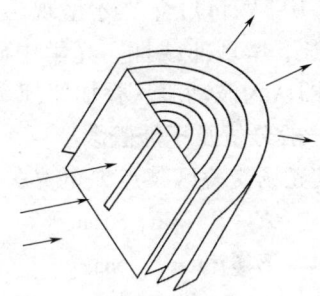

图 1.4 柱面波

$$E(r,t) = \frac{E_1}{\sqrt{r}}\cos(kr \pm \omega t - \varphi_0) \tag{1.12}$$

式中:r为考察点到柱面中轴线的垂直距离,E_1为距离柱面中轴线单位距离的P_1点的光场振幅。

同球面波一样,ωt 前的"+"号表示会聚柱面波,"−"号表示发散柱面波。式(1.12)同样可以表示成复数形式。

1.2.4 波的叠加

波动光学的主要内容包括光的干涉、衍射和偏振,它们的共同基础是波的叠加(有时需要先采取适当方式分解再进行叠加)。波的叠加研究的是两列或多列波的重叠区域波场的行为,即每个组分波的特征(振动方向、振幅、相位、频率等)如何影响和决定了合成振动的最终形式。

1. 波的叠加原理

波的叠加原理可以表述为:在两列或多列波的交叠区域,波场中某点的振动等于各个波单独存在时在该点所产生的振动矢量之和,即

$$\boldsymbol{E}(\boldsymbol{r},t) = \boldsymbol{E}_1(\boldsymbol{r},t) + \boldsymbol{E}_2(\boldsymbol{r},t) + \cdots \tag{1.13}$$

式中:$\boldsymbol{E}_1,\boldsymbol{E}_2,\cdots$分别表示各列波单独存在时某时刻 t 在某一确定场点 $\boldsymbol{r}$ 处产生的振动矢量,而 $\boldsymbol{E}$ 则表示该场点在该时刻的合振动(即物理上真实表现出的振动)的振动矢量。前文已说明,对光波,振动矢量通常取为电场强度矢量,但这里的 $\boldsymbol{E}$ 并不局限于电场强度矢量,式(1.13)可表示任何矢量波的叠加。

只考虑矢量波的某一分量时,可按标量波进行处理,上式中的矢量和简化为代数和:

$$E(\boldsymbol{r},t) = E_1(\boldsymbol{r},t) + E_2(\boldsymbol{r},t) + \cdots \tag{1.14}$$

叠加原理的依据和合理性可以追溯到波动方程的解的可加性。由电磁波的波动方程(1.4)和(1.5)可知,若 g_1,g_2 是其解,则 $g_1,g_2\cdots$ 的线性组合也是该方程的解。这就保证了叠加后的波场亦满足同样的波动方程,即遵从同样的波动传播规律,因此它在物理上是可以存在的、合理的。

和一切物理定律一样,波的叠加原理和独立性(独立传播或独立作用)原理也有其适用条件和范围。除了在真空中这些原理总是成立之外,能够使叠加原理成立的介质称为

线性介质。一种介质是否能看做线性介质,不仅取决于介质本身,而且取决于光的强度。在通常光强下,一般介质均可认为是线性介质。通常只有在光强很大的情况下,如高强度激光(它所产生的场强可以超过10^{10} V/m),介质才呈现出明显的非线性,某些特殊材料(如光折变材料)则会在普通光强下呈现非线性。光学中研究非线性现象的分支称为非线性光学。本章限于线性介质,即认为波动服从叠加原理。

2. 同频率简谐光波叠加的一般分析及干涉概念

设两列同频率简谐光波在其光场交叠区某点 P 的光矢量分别为

$$\boldsymbol{E}_1(P) = \boldsymbol{E}_{10}\cos\varphi_1 \tag{1.15}$$

$$\boldsymbol{E}_2(P) = \boldsymbol{E}_{20}\cos\varphi_2 \tag{1.16}$$

则两列波叠加后的光矢量为

$$\boldsymbol{E}(P) = \boldsymbol{E}_1(P) + \boldsymbol{E}_2(P) \tag{1.17}$$

由于光强与光的振幅成正比,在只考虑其相对大小时,P 点光强可表示为

$$I(P) = \boldsymbol{E}_{10}^2(P) + \boldsymbol{E}_{20}^2(P) + 2\boldsymbol{E}_{10}(P) \cdot \boldsymbol{E}_{20}(P)\cos[\varphi_2(P) - \varphi_1(P)] \tag{1.18}$$

即,

$$I(P) = I_1(P) + I_2(P) + 2|\boldsymbol{E}_{10}(P)||\boldsymbol{E}_{20}(P)|\cos\delta(P) \tag{1.19}$$

式中:$I_1(P) = E_{10}^2(P), I_2(P) = E_{20}^2(P), \delta(P) = \varphi_2(P) - \varphi_1(P), I_1(P)$ 和 $I_2(P)$ 分别表示两列波单独在 P 点产生的光强。而 $\delta(P)$ 表示两波在 P 点的相位差。

若在两波的交叠区波场强度分布不是简单等于每列波单独产生的强度和,即一般地

$$I(P) \neq I_1(P) + I_2(P) \tag{1.20}$$

则称这两列波发生了干涉。由此可见,对干涉的贡献来自式(1.19)中的第三项(干涉项),为使该项具有不为零的稳定贡献,必须有:

(1)$\boldsymbol{E}_{10} \cdot \boldsymbol{E}_{20} \neq 0$,即 $\boldsymbol{E}_{10}$ 不垂直于 $\boldsymbol{E}_{20}$,也就是两列波的振动矢量有平行分量;

(2)对给定点 P,相位差 $\delta(P)$ 恒定,不随时间而变化。

3. 两列同频率、同向振动的平面波的叠加

这里以平面简谐波为例,说明波的叠加,对于球面波和柱面波而言,也有同样的性质。设两列平面波在相遇点 P 处的光矢量为

$$\boldsymbol{E}_1(\boldsymbol{r}) = \boldsymbol{E}_{10}(P)\cos(\boldsymbol{k}_1 \cdot \boldsymbol{r}_P - \omega t + \varphi_{10}) \tag{1.21}$$

$$\boldsymbol{E}_2(\boldsymbol{r}) = \boldsymbol{E}_{20}(P)\cos(\boldsymbol{k}_2 \cdot \boldsymbol{r}_P - \omega t + \varphi_{20}) \tag{1.22}$$

式中:$\boldsymbol{k}_1, \boldsymbol{k}_2$ 分别为两列波的波矢量,$\boldsymbol{r}$ 为所考察点的空间位置矢量,φ_{10} 和 φ_{20} 分别为两列波的初相,E_{10}、E_{20} 为它们的振幅。

$\boldsymbol{E} = \boldsymbol{E}_1 + \boldsymbol{E}_2$,由于 $\boldsymbol{E}_1 // \boldsymbol{E}_2$,所以两束光叠加后的光强为

$$I(\boldsymbol{r}) = E_{10}^2 + E_{20}^2 + 2E_{10}E_{20}\cos\delta \tag{1.23}$$

或写为

$$I(\boldsymbol{r}) = I_1 + I_2 + 2\sqrt{I_1 I_2}\cos\delta \tag{1.24}$$

式中:$I_1 = E_{10}^2, I_2 = E_{20}^2, \delta = \varphi_2 - \varphi_1 = (\boldsymbol{k}_2 - \boldsymbol{k}_1) \cdot \boldsymbol{r} + \varphi_{20} - \varphi_{10}$。

对于理想的单色平面波而言,由于 E_{10}、E_{20}、φ_{10}、φ_{20} 均为常数,$\boldsymbol{k}_1$、$\boldsymbol{k}_2$ 为常矢量(其大小均为 $k = 2\pi/\lambda$,但方向不同),对于确定的位置 $\boldsymbol{r}$,δ 总是确定的,干涉项 $2\sqrt{I_1 I_2}\cos\delta$ 随 $\boldsymbol{r}$ 变化,而 $\cos\delta$ 是 $\boldsymbol{r}$ 的周期函数,因此合成光的光强随 $\boldsymbol{r}$ 周期性变化,从而产生出明暗相间的

干涉条纹。特别地,当

$$\delta = 2m\pi, (m = 0, \pm 1, \pm 2, \cdots) \quad (1.25)$$

光强 I 取得极大值

$$I_M = E_{10}^2 + E_{20}^2 + 2E_{10}E_{20} = (E_{10} + E_{20})^2 \quad (1.26)$$

这时称两列波发生了相长干涉;在另一些特定位置,使得

$$\delta = (2m+1)\pi, (m = 0, \pm 1, \pm 2, \cdots) \quad (1.27)$$

I 取得极小值

$$I_m = E_{10}^2 + E_{20}^2 - 2E_{10}E_{20} = (E_{10} - E_{20})^2 \quad (1.28)$$

这时称两列波发生了相消干涉。δ 相同的点的集合构成了三维空间中的等强度面。

我们把两列(或多列)相干波的交叠区称为干涉场,将干涉场中光强随空间位置的分布称为干涉图样。由于在 I_1、I_2 给定时,光强 I 仅取决于 $\cos\delta$,而 $\cos\delta$ 随 r 的变化具有周期性,故干涉场的强度变化亦具有空间周期性,但对于普通的实际光源,φ_{10} 和 φ_{20} 通常随时间作随机变化,从而 δ 亦随时间作随机变化。若这种变化充分剧烈,以至于在观测时间内,$\cos\delta$ 的时间平均值为 0,干涉效应将不会存在,我们称这两列波是非相干的。

要从普通光源获取相干光,有两种方法:一种是分波阵面法,例如,从一点光源发出的光波波阵面上放置并列的几个小孔或狭缝,这些小孔或单缝可视为同相位的发射子波的波源,通过小孔或狭缝分离的光束始终是同相的,因此它们是相干光,杨氏双缝干涉实验就是采用这种方法获取相干光。另一种是分振幅法,例如通过部分反射和部分透射,将一束光分为若干部分相干光,薄膜干涉就是利用这种方法获得相干光。

4. 双缝干涉与单缝衍射

1) 双缝干涉

如图 1.5 所示为杨氏双缝干涉实验装置图。一束平行光垂直照射到双缝屏上,由同一波阵面产生两列子波,它们的初相位是相同的。当这两个子波发出的波在空间某点(如接收屏上 P 点)相遇时,两束光的光程差为

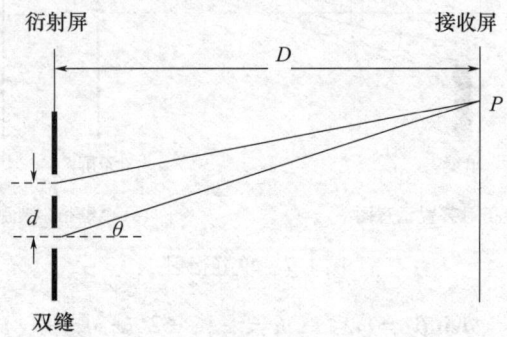

图 1.5 杨氏双缝干涉实验示意图

$$\delta \approx d\sin\theta \quad (1.29)$$

θ 为两束光的衍射角,由于在双缝位置处,两列子波的相位相同,因此两束光在 P 点相遇时的相位差为

$$\Delta\Phi = \frac{\delta}{\lambda} \cdot 2\pi = 2\pi \frac{d\sin\theta}{\lambda} \quad (1.30)$$

当 $\Delta\Phi = 2\pi \dfrac{d\sin\theta}{\lambda} = 2n\pi$ 时,即满足 $d\sin\theta = n\lambda$ 时,P 点为干涉相长点。同样,当 $d\sin\theta = \left(n + \dfrac{1}{2}\right)\lambda$ 时,为干涉相消点。屏上各处光强为

$$I = 2I_1(1 + \cos\Delta\Phi) = 4I_1\cos^2\dfrac{\Delta\Phi}{2} \tag{1.31}$$

图 1.6 所示为接收屏上光强分布,显然光强呈周期性分布,各处最大光强都相等。

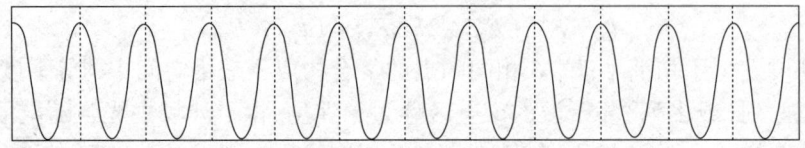

图 1.6 双缝干涉光强分布

2)单缝衍射

衍射系统主要由光源、衍射屏和接收屏构成,一般用它们相互之间距离的远近将衍射分为两类:一类是衍射屏距光源和接收屏均为有限远,称为菲涅耳衍射;另一类是衍射屏距光源和接收屏均为无限远或者相当于无限远,被称为夫琅禾费衍射。本章主要学习夫琅禾费衍射实验。

如图 1.7 所示,一束单色平行光照射在一个宽度 a 可调的竖直单缝上,在离狭缝较远的距离放置一接收屏,调节缝宽可以在屏上观察到一系列明暗相间的条纹,且中心的明条纹最亮,向两侧依次变暗,这就是单缝夫琅禾费衍射条纹。衍射条纹中极小值对应的衍射角满足的条件为:

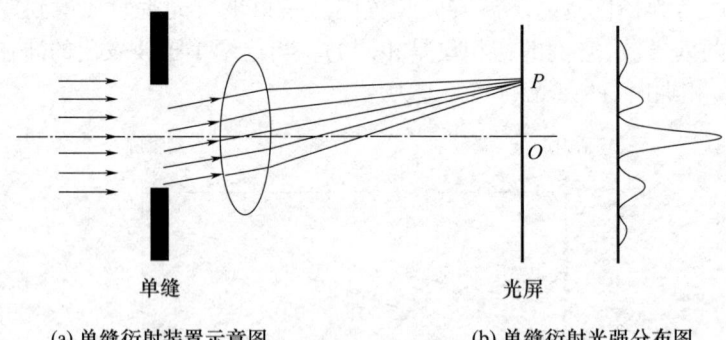

(a) 单缝衍射装置示意图   (b) 单缝衍射光强分布图

图 1.7 单缝衍射

$$a\sin\theta_m = m\lambda \quad (m = \pm 1, \pm 2, \pm 3, \cdots) \tag{1.32}$$

式中:θ_m 表示图样中心到第 m 级极小值之间的夹角,λ 表示光的波长。

在单缝衍射条纹中,光强分布并不是均匀的。中央明纹最亮,同时也最宽(约为其他明纹宽度的两倍)。中央明纹的两侧,光强迅速减小,直至第一个暗条纹;其后,光强又逐渐增大而成为第一级明条纹,以此类推。各级明纹的光强随着级数的增大而逐渐减小,其光强分布为

$$I = I_0 \dfrac{\sin^2 u}{u^2} \tag{1.33}$$

式中:$u=(\pi a\sin\theta)/\lambda$,$I_0$ 为正入射(即 $\theta=0$)时的入射光强,$(\sin^2 u)/u^2$ 被称为单缝衍射因子,表征衍射光场内任一点相对光强(即 I/I_0)的大小。

通常因为衍射角度较小,可以假设 $\sin\theta \approx \tan\theta$,根据三角关系有:

$$\tan\theta = \frac{y}{f} \tag{1.34}$$

$$u = \frac{\pi a \sin\theta}{\lambda} = \frac{\pi a y}{\lambda f} \tag{1.35}$$

式中:y 表示衍射中心到第 m 级极小值的距离,f 表示透镜的焦距,由此可知光强 I 在接收屏上随 y 的变化关系。图1.7(b)给出了单缝衍射时光强的分布。

3)单缝衍射对双缝干涉的调制作用

双缝干涉中两单缝自身也要产生衍射,由于在夫琅禾费衍射中,接收屏距离双缝无穷远或相当于无穷远,因此,在接收屏处,双缝各自的衍射光强分布可以看作是重合的。那么,双缝干涉的实际光强分布,就需要考虑单缝对其影响。

考虑单缝衍射因子对双缝干涉光强的调制,可得到双缝衍射光强的实际分布:

$$I = 4I_0 \frac{\sin^2 u}{u^2} \cos^2 \frac{\Delta \Phi}{2} \tag{1.36}$$

通常因为衍射角度较小,可以假设 $\sin\theta \approx \tan\theta$,根据三角关系有:

$$\tan\theta = \frac{y}{f} \tag{1.37}$$

$$u = \frac{\pi a \sin\theta}{\lambda} = \frac{\pi a y}{\lambda f} \tag{1.38}$$

$$\Delta \Phi = \frac{2\pi}{\lambda} d \sin\theta = \frac{2\pi d y}{\lambda f} \tag{1.39}$$

式中:y 为从图样中心到第 n 级主极大的距离,由此可知光强 I 在接收屏上随 y 的变化关系。

受单缝衍射调制的双缝干涉的光强分布如图1.8所示,其中的虚线正是单缝衍射的光强分布;实线是实际的双缝干涉的光强分布,这正是受到单缝衍射调制后的分布状态,单缝衍射的光强分布就是双缝干涉实际光强分布的包络线。除了双缝干涉受到单缝衍射的调制外,光栅衍射(多缝干涉)也受到单缝衍射的调制作用,从而使光栅衍射的光强分布也不是周期性均匀分布,甚至出现缺级现象,这里不再详细讨论。

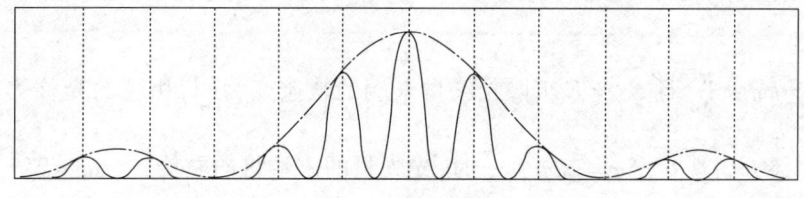

图1.8 单缝衍射对双缝干涉的调制

5. 同频率、振动方向互相垂直、同向传播的平面波叠加——椭圆偏振光的形成及特征

如图1.9所示,取互相垂直的两个振动方向分别为 x 轴和 y 轴,波传播方向为 z 轴,不失其一般性,取 $\varphi_{x0}=0$,并记 y 振动相对于 x 振动的相位差为

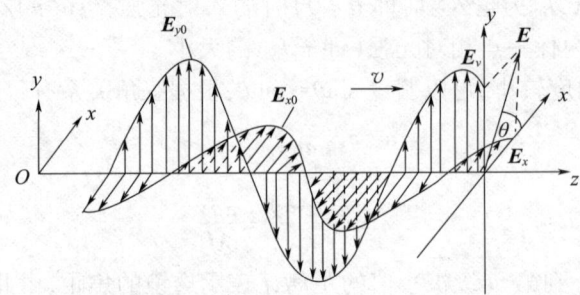

图 1.9 两列同频率、振动方向互相垂直、同向传播的平面波的叠加

$$\Delta\varphi = \varphi_y - \varphi_x \tag{1.40}$$

则 x,y 方向的矢量实波函数可分别写为

$$\begin{cases} \boldsymbol{E}_x(z,t) = \boldsymbol{E}_{x0}\cos(kz - \omega t) \\ \boldsymbol{E}_y(z,t) = \boldsymbol{E}_{y0}\cos(kz - \omega t + \Delta\varphi) \end{cases} \tag{1.41}$$

波场中任意位置、任意时刻的合振动应为

$$\boldsymbol{E}(z,t) = \boldsymbol{E}_x(z,t) + \boldsymbol{E}_y(z,t) \tag{1.42}$$

因为两列波均沿 z 轴方向等速传播，故其合成波亦沿同方向以相同的速度传播，并且合矢量 $\boldsymbol{E}$ 仍在 xy 平面内，即光波仍保持其横波性。以 θ 表示矢量 $\boldsymbol{E}$ 与 x 轴正方向所成的角，则有

$$\tan\theta = \frac{E_y}{E_x} = \frac{E_{y0}\cos(kz - \omega t + \Delta\varphi)}{E_{x0}\cos(kz - \omega t)} \tag{1.43}$$

可见 θ 的大小，即 $\boldsymbol{E}$ 在 xy 平面内的方向，将随位置 z 和时间 t 而变化。可以证明当 δ 为任意值时矢量 $\boldsymbol{E}$ 末端随时间 t 的变化在空间扫描出的轨迹由下面的方程所确定：

$$\frac{E_x^2}{E_{x0}^2} + \frac{E_y^2}{E_{y0}^2} - 2\frac{E_x E_y}{E_{x0} E_{y0}}\cos\delta = \sin^2\Delta\varphi \tag{1.44}$$

这通常是"斜椭圆"（两半轴方位不与 x、y 轴重合）方程，相应的光称为椭圆偏振光。当 $\Delta\varphi = 0, \pi$ 时，斜椭圆退化为直线，相应的光称为线偏振光；当 $\Delta\varphi = \pm\dfrac{\pi}{2}$ 时，斜椭圆转化为正椭圆。迎着光的传播方向观察时，$0 < \Delta\varphi < \pi$ 时，光矢量的末端将向右旋转；$-\pi < \Delta\varphi < 0$ 时，光矢量的末端将向左旋转；因此，相应的偏振光称为右旋椭圆偏振光和左旋椭圆偏振光。

当 $\Delta\varphi = k\pi + \dfrac{\pi}{2}$，且 $E_{x0} = E_{y0}$ 时，光矢量末端的轨迹变为圆，相应的光称为圆偏振光；迎着光的传播方向观察，$\Delta\varphi = 2k\pi + \dfrac{\pi}{2}$ 时，光矢量的末端将向右旋转，$\Delta\varphi = 2k\pi - \dfrac{\pi}{2}$ 时，光矢量的末端将向左旋转，相应的偏振光称为右旋圆偏振光和左旋圆偏振光。由前文可知，线偏振光和圆偏振光都是椭圆偏振光的特殊情况。各种椭圆偏振光可由图 1.10 形象地表示。线偏振光、圆偏振光、椭圆偏振光都称为完全偏振光，因为它们光矢量的两个垂直分量都具有确定的相位关系，在任一瞬间，其光矢量振动方向和大小都是确定的，因此把它们称为完全偏振光。

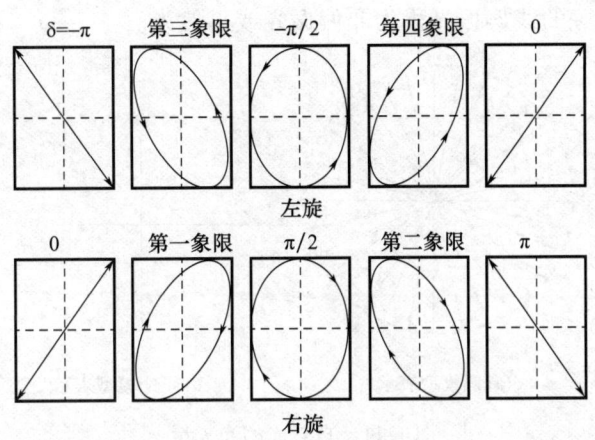

图1.10 各种椭圆偏振光

由前述可知,完全偏振光都可以看做是两个垂直方向的同频率振动 E_x 和 E_y 的合成,合成波的振动方式取决于两个分振动的振幅比 $\dfrac{E_{y0}}{E_{x0}}$ 和相位差 $\Delta\varphi=\varphi_y-\varphi_x$;而且,线偏振光和圆偏振光均可看作是椭圆偏振光的特例。对于两个垂直振动的合成,不论相位差 δ 为何值,关系 $E_x \perp E_y$ 总导致

$$I = I_x + I_y \tag{1.45}$$

即合振动的强度简单地等于两个垂直分振动的强度之和。

完全偏振光只是光的偏振态的一种,除此之外,还有非偏振光即自然光,以及部分偏振光。下面对它们进行简要介绍。

1) 自然光

理想单色光是完全偏振的,但普通光源,如白炽灯等依靠受热而产生辐射的热光源所发出的光并非如此。首先,这是由于普通光源总包含着数目极多的辐射微元(原子或分子),各个元辐射体发光的时间、振动方向和相位等都是互相独立、彼此无关的。其次,即使考察每一个单独的元辐射体,它所发出的光也不是理想的无限长波列。因为原子的发光过程是不连续的,每次辐射的持续时间 Δt 大约只有 10^{-8}s 或更短,这段时间内其振动方向和初相位恒定,但是,各次辐射中其振动方向和初相位都在作随机变化,由于我们的观察时间一般总比原子每次辐射的时间长得多,因此,即使是对单独的原子光源,其探测结果亦是大量接踵而来的、振动方向与初相位均在作迅速无规则变化的一系列有限长偏振波列的总效应,加之大量原子辐射的同时存在,所以实际普通光源的光场中,在任一时刻总存在着各种振动方向及相位独立无关的大量振动。

考虑到垂直于光的传播方向的 xy 平面上的空间各向同性,就其在较长时间中的总效果而言,任一方向的振动都不应比其他方向的振动更占优势。因此,在统计平均的意义上,普通光源的光场可以用图1.11来表示,这种表示称自然光的圆模型表示,这里各种方向的振动在 xy 平面上呈各向同性分布,每一方向的振动幅度或强度都相等,而各振动之间的相位彼此独立无关。显然,若将这种圆模型中的各个线偏振光在两个正交方向(如 x,y)分解,并注意到各线偏振光之间的相位无关性即非相干性,从而将各 x 分量和 y 分量依强度分别叠加起来,即可将圆模型简化为正交模型:两个振动方向互相垂直、振幅或强度相等、相位独立无关的线偏振光称为非偏振光或自然光。

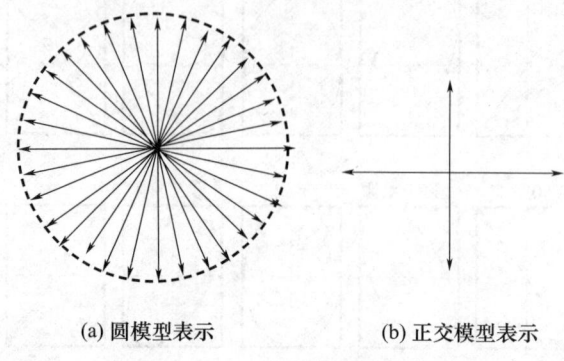

(a) 圆模型表示　　　　　(b) 正交模型表示

图 1.11　自然光的光矢量

自然光的正交模型,其光强可表示为

$$I_n = I_x + I_y = 2I_x = 2I_y \tag{1.46}$$

应当指出的是,自然光的正交模型与圆偏振光的分量表示虽然形式上相似,但两个正交振动的相位关系有着本质的区别,前者是完全不相关,后者是完全相关。

2) 部分偏振光及偏振度

在许多实际问题中,光既不是完全偏振光,也不是自然光,而是两者的混合,这种光称为部分偏振光。依部分偏振光中所含偏振光的性质,可以把部分偏振光分为部分线偏振光、部分圆偏振光及部分椭圆偏振光。若部分偏振光中自然光和偏振光成分的强度分别为 I_n 和 I_p,则其总强度为

$$I = I_n + I_p \tag{1.47}$$

为表示部分偏振光中所含偏振光成分的相对强度,可引入偏振度,其定义为

$$p = \frac{I_p}{I} = \frac{I_p}{I_n + I_p} \tag{1.48}$$

自然光与线偏振光的混合称为部分线偏振光,如图 1.12(a)所示,其中线偏振光振动方向设为 y 方向,强度为 I_l。这种光波的形成可以看作是由于某种原因对自然光中 xy 平面上振幅分布的空间各向同性的破坏所致,这时某一方向(设为 y 方向)的振动较强,而与其垂直的方向(x 方向)振动较弱,故部分线偏振光的模型亦可表示为图 1.12(b)。以 I_x 和 I_y 分别表示两正交振动的强度,该模型可简化为图 1.12(c)。注意这里 I_x 与 I_y 不仅强度不等,而且两振动的相位也是独立无关的。

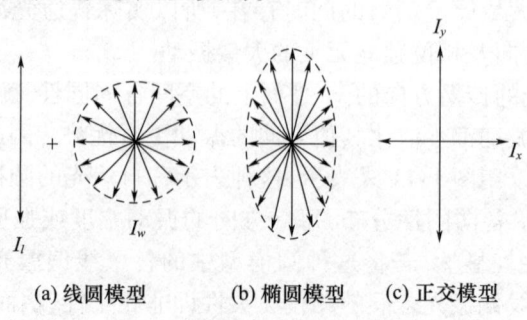

(a) 线圆模型　　(b) 椭圆模型　　(c) 正交模型

图 1.12　部分线偏振光的表示

图 1.12 中部分线偏振光的三种表示模型可以分别称为线圆模型、椭圆模型和正交模型。本节主要讨论线圆模型和正交模型,这两种模型中部分线偏振光的总光强可表示为

$$I = I_n + I_l = I_x + I_y \tag{1.49}$$

另一方面,将线圆模型中的自然光分解为 x、y 方向两种振动,利用式(1.46)并与正交模型相比较,可知

$$\begin{cases} I_x = \dfrac{1}{2} I_n \\ I_y = \dfrac{1}{2} I_n + I_l \end{cases} \tag{1.50}$$

式(1.50)给出了线圆模型参量(I_n, I_L)与正交模型参量(I_x, I_y)的相互关系,则部分线偏振光的偏振度在两种模型中可分别表示为

$$p = \frac{I_L}{I_n + I_L} \tag{1.51}$$

和

$$p = \frac{I_y - I_x}{I_y + I_x} \tag{1.52}$$

实际上,自然光和线偏振光均可看作是部分线偏振光的极端情况。对线偏振光,只有单方向的振动,$I_x = 0$, $p = 1$;对自然光,$I_x = I_y$, $p = 1$。对一般的部分线偏振光,$0 < p < 1$;p 值越接近 1,说明该光波越远离自然光而接近线偏振光。

根据物理学中以可观测量作为基础的思想,还构造出部分线偏振光的其他模型,这些模型对于宏观观测是完全等效的,各模型参量与宏观可测量有着确定的对应关系,各模型之间可依一定的规律互相转换;在微观上,它们赖以建立的共同基础则是各元振动之间的统计独立性。由于部分线偏振光较为常见,以后如无特别说明,所谓部分偏振光皆指部分线偏振光。

1.2.5 由自然光获取偏振光

由于普通光源发出的光是非偏振光,要得到偏振光往往要通过光与物质的相互作用使自然光的偏振形态产生某种改变。能够使自然光变为某种偏振光的光器件称为起偏器。根据输出光的偏振形态可以把起偏器分为线起偏器、圆起偏器等。各种起偏器的作用过程都必须包含某种不对称性,它可以是介质在不同作用条件(如不同的入射角)下的不同响应,更多的则是介质本身的各向异性。

1. 线偏振光的获取

1)利用偏振片获取线偏振光

常用的线起偏器是偏振片,它可以由自然光得到线偏振光。实际使用的偏振片有多种类型,其中之一是基于某些晶体的二向色性。即对不同方向的电磁振动具有不同吸收的性质。偏振片的原理可以用图 1.13 中的线栅模型来说明。将一排排很细的金属丝水平排列组成线栅,入射的自然光可以分解为 x 振动与 y 振动两种组分。其中 E_y 可以驱使金属丝中的电子水平运动而做功,即把电场能量传递给金属丝,而电场能本身则受到很大衰减。在 x 轴方向,电子无法自由运动,故并不吸收 E_x 分量的电场能。因此透过线栅的光波主要是 x 轴方向的振动。通常把可以透过偏振片的光矢量 E 的振动方向称为偏振片

的透振方向。显然,线栅透振方向垂直于金属丝的延伸方向。

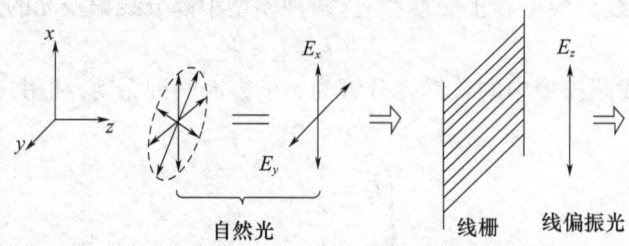

图1.13 线栅起偏器

欲使线栅对光波能起到理想偏振片的作用,即将 y 振动的能量完全吸收,金属丝之间的间隔应非常小,要做到这一点是很困难的。在实用中,可以用含有传导电子的聚合物分子长链来代替这种线栅。例如,将某些塑料物质加热后拉伸,其链状分子即会沿拉伸方向平行地排列起来;使某种碘的化合物沉积在这种塑料膜中,碘原子中所含的传导电子即能沿分子长链运动,就像沿着线栅中的金属丝运动一样。这种偏振片已经得到广泛应用,容易看出,其透振方向垂直于薄膜的拉伸方向。因此,根据自然光的正交模型,容易知道,自然光透过偏振片后,透射的偏振光的光强为入射自然光的一半,即

$$I = \frac{1}{2} I_n \tag{1.53}$$

自然光经过偏振片后成为线偏振光,且光强为入射自然光的一半。那么,线偏振光经过偏振片后,又会怎样呢?

如图1.14所示,设振幅为 E_L、强度为 I_L 的线偏振光透过偏振片 P。若线偏振光的光矢量方向与偏振片的透振方向(虚线表示)的夹角为 θ,将 E_l 分解为平行和垂直于 P 的透振方向的两个分量,只有平行分量 $E_p = E_l \cos\theta$ 才能透过 P,因此透射光的强度为

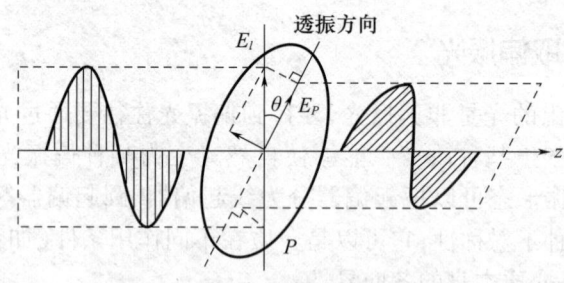

图1.14 线偏振光通过偏振片

$$I = E_l^2 \cos^2\theta = I_l \cos^2\theta \tag{1.54}$$

式(1.54)就是马吕斯定律。不难看出,当 θ 变化(偏振片旋转)时,I 随之变化。当 $\theta = 0$ 时,光强最大;$\theta = \pi/2$ 时,$I = 0$,此时称为消光。因此线偏振光经过偏振片后,仍是线偏振光,只是其振动方向旋转了 θ 角,光强变为 $I_L \cos^2\theta$。

2)利用自然光在两种介质界面处的反射和折射获取线偏振光

(1)布儒斯特角入射获取线偏振光。

当一束自然光入射到两种介质的界面上时,实验发现,反射光和折射光都将成为部分偏振光。当入射光的入射角 i_B 使反射光与折射光垂直时,如图1.15所示,反射光成为线

偏振光,其光矢量垂直于入射面。这一现象是布儒斯特于1812年发现的,此时,入射角满足:

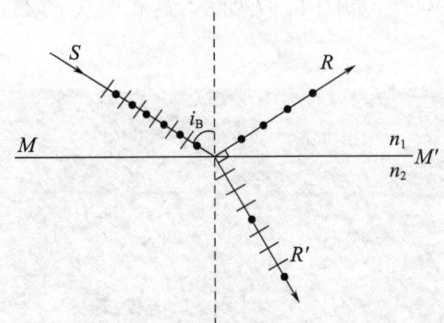

图1.15 自然光在不同介质界面处的反射与折射

$$\tan i_B = \frac{n_2}{n_1} \tag{1.55}$$

这就是布儒斯特定律,此时的入射角 i_B 称为布儒斯特角,也称起偏角。氦氖激光器中的布儒斯特窗正是为获得线偏振光设计的,这将在第2章介绍。原则上,我们可以通过此方式获取线偏振光。

还须指出,当自然光按布儒斯特角入射时,在经过一次反射、折射后,反射光虽然是完全偏振光,但光强很弱,对于单一界面,垂直于入射面振动的光能量只被反射一小部分(约15%),而折射光(透射光)的偏振度又很低。为此,可以设计多层膜以实现多次反射和折射,提高反射光的能量和折射光的偏振度,从而达到获取偏振光的目的。

(2) 利用偏振分光棱镜获取线偏振光。

偏振分光棱镜是通过在直角棱镜的斜面镀制多层膜结构,然后胶合成一个立方体结构。如图1.16所示,光以布儒斯特角入射时,通过多层膜的多次反射和折射以后,折射光透射出偏振分光棱镜后成为完全偏振光 P;反射光透射出偏振分光棱镜后成为完全偏振光 S。利用此偏振分光棱镜可以获得较高质量的线偏振光。

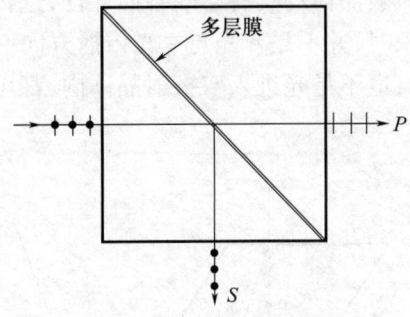

图1.16 偏振分光棱镜的分光示意图

3) 利用晶体的双折射获取线偏振光

一束光由一种介质进入另一介质时,在界面处产生的折射光通常只有一束。但是,对于一些晶体而言,当一束光入射到晶体上时,其折射光会出现两束,两束折射光的折射角不同,这种现象称为双折射现象。能够产生双折射现象的晶体称为双折射晶体,如方解石(又称冰洲石,其成分是 $CaCO_3$)晶体。如果把一块透明的方解石晶体放在有字的纸面上时,可以看到晶体下的字成双像,如图 1.17 所示,这正是方解石晶体产生的双折射现象导致的。

图 1.17　解石产生双折射现象

实验发现,同一束入射光在双折射晶体内所产生的两束折射光束中,其中一束遵从折射定律,这束光称为寻常光,简称 o 光;另一束不遵从折射定律,即折射光线不一定在入射面内,而且入射角的正弦与折射角的正弦之比不是恒量,这束光称为非常光,简称 e 光,如图 1.18(a)所示。甚至在入射角 $i=0$ 时,寻常光沿原方向前进,而非常光一般不沿原方向前进,如图 1.18(b)所示,这时,如果把晶体以入射光线为轴旋转,将发现 o 光不动,而 e 光却随着晶体的旋转而转动起来。产生 o 光与 e 光的根本原因正是晶体的空间各向异性。

图 1.19 所示为天然的方解石晶体的晶格结构,它呈斜六面体,每个表面都是平行四边形,各面的锐角约为 78°,钝角约为 102°,斜六面体有 8 个顶点,其中两个彼此相对的顶点 A 和 B 是由 3 个钝角面汇合而成,这就使得其晶格结构不对称,从而具有空间各向异性,事实上,除立方晶系外,一般晶体均具有空间各向异性,这种各向异性导致了双折射现象。当然了,产生双折射现象时,并不是 o 光与 e 光传播方向一定不同,即使相同,它们在晶体中传播的特性也不相同;也不是光进入双折射晶体内,都可以产生双折射现象。

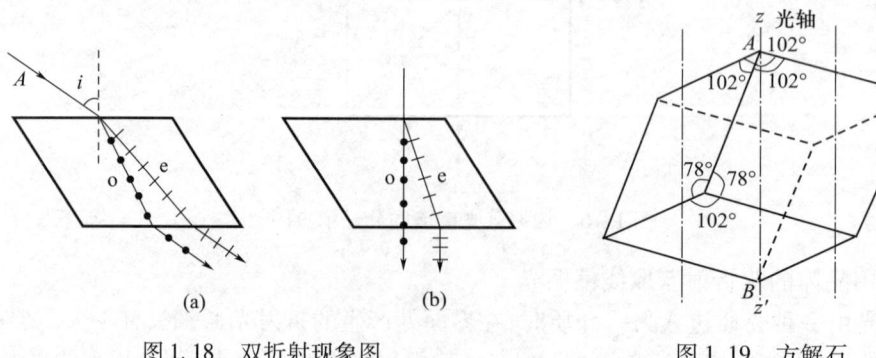

图 1.18　双折射现象图　　　　图 1.19　方解石

实验发现,当光沿方解石晶格的两个顶点 A、B 的连线方向传播时,如图 1.19 所示不产生双折射现象。与方解石晶体一样,双折射晶体都存在某特定方向,光沿这一方向传输时不产生双折射现象,这一方向称为晶体的光轴。应该指出,光轴仅是晶体内部的一个方向,因此在晶体内任何一条与上述光轴方向平行的直线都是光轴。晶体中仅有一个光轴方向的称为单轴晶体(例如方解石、石英等)。有些晶体具有两个光轴方向,称为双轴晶体(例如云母、硫磺等)。关于双折射产生的原因,可以用光的麦克斯韦电磁场理论进行解释,下面利用折射率椭球进行说明。

在麦克斯韦电磁场理论中,用介电常数 ε 来表征物质的极化状况,对于各向同性的物质,是一个标量常数,由于电位移矢量 $\boldsymbol{D}$ 和电场强度 $\boldsymbol{E}$ 满足关系 $\boldsymbol{D} = \varepsilon \boldsymbol{E}$,所以 $\boldsymbol{D}$ 和 $\boldsymbol{E}$ 的方向一致。但是,在各向异性的晶体中,极化是各向异性的,因而 ε 的取值也与方向有关,因此 $\boldsymbol{D}$ 和 $\boldsymbol{E}$ 之间有比较复杂的关系。在任意直角坐标系 $x'y'z'$ 中,$\boldsymbol{D}$ 的各分量与 $\boldsymbol{E}$ 的各分量都有关,可以表示为

$$\begin{bmatrix} D_{x'} \\ D_{y'} \\ D_{z'} \end{bmatrix} = \begin{bmatrix} \varepsilon_{x'x'} & \varepsilon_{x'y'} & \varepsilon_{x'z'} \\ \varepsilon_{y'x'} & \varepsilon_{y'y'} & \varepsilon_{y'z'} \\ \varepsilon_{z'x'} & \varepsilon_{z'y'} & \varepsilon_{z'z'} \end{bmatrix} \begin{bmatrix} E_{x'} \\ E_{y'} \\ E_{z'} \end{bmatrix} \tag{1.56}$$

在晶体中总可以找到一个直角坐标系 xyz 使上式中的张量 $[\varepsilon]$ 呈对角矩阵形式,此时式(1.56)可写为

$$\begin{bmatrix} D_x \\ D_y \\ D_z \end{bmatrix} = \begin{bmatrix} \varepsilon_x & 0 & 0 \\ 0 & \varepsilon_y & 0 \\ 0 & 0 & \varepsilon_z \end{bmatrix} \begin{bmatrix} E_x \\ E_y \\ E_z \end{bmatrix} \tag{1.57}$$

式中:x、y、z 三个互相垂直的方向称为晶体的主轴方向;ε_x、ε_y、ε_z 称为晶体的主介电常数,该坐标系称为晶体的主轴坐标系。若 $\varepsilon_x \neq \varepsilon_y \neq \varepsilon_z$,那么只有电场 $\boldsymbol{E}$ 的方向沿主轴方向时,$\boldsymbol{D}$ 和 $\boldsymbol{E}$ 才有相同方向,一般 $\boldsymbol{D}$ 和 $\boldsymbol{E}$ 有不同方向。因此,光在各向异性晶体中传播时,光的传播方向不同或者电矢量方向不同,晶体的折射率也不同。可以证明在主轴坐标系中,折射率满足:

$$\frac{x^2}{n_x^2} + \frac{y^2}{n_y^2} + \frac{z^2}{n_z^2} = 1 \tag{1.58}$$

这是一个椭球方程,它的半轴等于主折射率,并与介电常数主轴重合,称为折射率椭球(又称光率体),如图 1.20(a)所示。

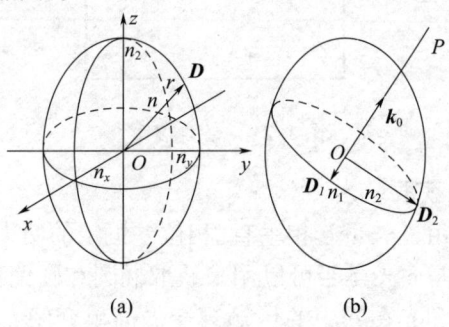

图 1.20 晶体的折射率椭球

折射率椭球的性质有：

（1）折射率椭球任意一条矢径的方向，表示光波 D 矢量的一个方向，矢径的长度表示 D 矢量沿矢径方向振动的光波的折射率。

（2）从折射率椭球的原点 O 出发，作平行于给定波法线方向 k_0 的直线 OP（图 1.20(b)），再过原点 O 作一平面与 OP 重直，该平面与椭球的截面为一椭圆。椭圆的长轴方向和短轴方向就是对应于法线方向的两个允许存在的光波的 D 矢量（D_1 和 D_2）方向，而长短轴的长度则分别等于两个光波的折射率 n_1 和 n_2。

因此，光在各向异性的晶体中传输时，因光的传播方向和电场矢量的方向不同，晶体对光的折射率也不同，这就出现了双折射现象。若 $\varepsilon_x \neq \varepsilon_y \neq \varepsilon_z$，则 $n_x \neq n_y \neq n_z$，这样的晶体其折射率椭球为一般椭球，可以证明其含有两个光轴，这就是双轴晶体；若 $\varepsilon_x = \varepsilon_y \neq \varepsilon_z$，则 $n_x = n_y \neq n_z$，这样的晶体其折射率椭球为以光轴为旋转轴的旋转椭球，可以证明其含有一个光轴，这就是单轴晶体。因此，自然光只要不沿晶体光轴方向传播，就可以利用晶体的双折射获取线偏振光。本章讨论的晶体光学器件都是由单轴晶体制作而成。

5）利用偏振棱镜获取线偏振光

利用单轴晶体中的双折射现象，将晶体制成各种棱镜，可以获得线偏振光，这样的棱镜称为偏振棱镜。常见的有尼科耳棱镜、格兰棱镜和沃拉斯顿棱镜等，下面简要介绍格兰棱镜。

如图 1.21 所示，两块方解石磨成光轴平行于棱边的直角三棱镜，斜面相互平行，中间为一空气层或用加拿大树胶粘合。自然光从端面垂直入射时，进入第一个棱镜后所分解的 o 光和 e 光按原方向传播，不发生偏折，它们在斜面上的入射角等于棱镜的楔角 α。选择 α 角使得它大于 o 光的全反射临界角而小于 e 光的临界角，于是 o 光将发生全反射，被侧面吸收或从侧面射出，e 光则可以透过晶体，从而可获得线偏振光。

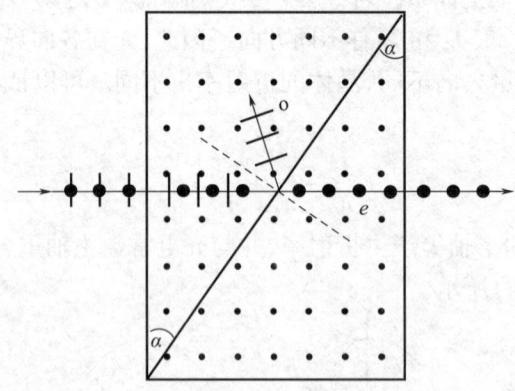

图 1.21　格兰棱镜

2. 椭圆和圆偏振光的获取

椭圆和圆偏振光可以由光矢量互相垂直、相位差恒定的两束光合成得到，而自然光进入双折射晶体分成的 o 光与 e 光是否可以用来获取椭圆和圆偏振光呢？下面我们对单轴双折射晶体中的相关概念和光在其中的传输规律做简单介绍，进而介绍椭圆和圆偏振光的获取。

1）晶体主截面

当光线入射到晶体上时,入射表面的法线与晶体光轴构成的平面称为晶体的主截面。

2）主平面

晶体中的 o 光线与晶体光轴构成的平面叫做 o 光主平面;e 光线与晶体光轴构成的平面叫做 e 光主平面。一般情况下,o 光与 e 光主平面并不重合。但是理论与实验均表明,当入射光线在晶体主截面内时,o 光主平面和 e 光主平面均与晶体主截面重合。

3）o 光与 e 光光矢量的振动方向

实验指出,o 光与 e 光都是线偏振光,它们的光矢量的振动方向不同,o 光的振动方向垂直于 o 光主平面;e 光的振动方向平行于 e 光主平面。在实际中,通常使入射光线在晶体主截面内,o 光主平面和 e 光主平面重合,此时,o 光和 e 光的振动方向互相垂直,这就为获取椭圆(圆)偏振光提供了基础。

4）单轴晶体的子波波阵面

一般来说,在晶体中寻常光和非常光是以不同的速率传播的。寻常光的速率在各个方向上是相同的,所以在晶体中任意一点所引起的子波波面是一球面。非常光的速率在各个方向上是不同的,在单轴晶体中同一点所引起的子波波面可以证明是旋转椭球面。两束光只有沿光轴方向传播时,它们的速率才相等,因此上述两子波波面在光轴上相切,如图 1.22 所示。在垂直于光轴的方向上,两束光的速率相差最大。

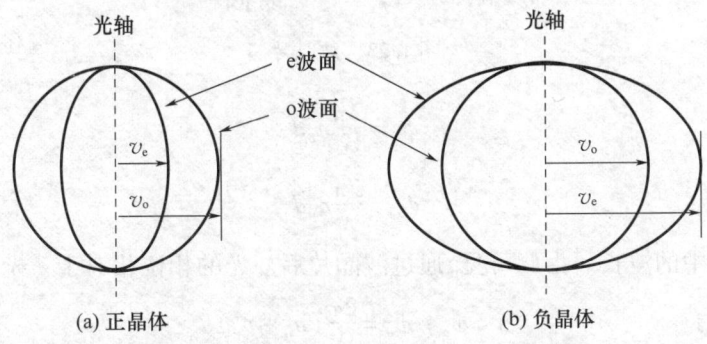

图 1.22　正晶体和负晶体的子波波阵面

用 v_o 表示 o 光在晶体中的传播速率,v_e 表示光的电场矢量平行于光轴的 e 光在晶体的传播速率。如图 1.22(a)所示,球面包围椭球面,$v_o > v_e$,且 v_e 是所有 e 光中传播速率的最小值,当 e 光的电场矢量垂直于光轴时,其传播速率达到最大值 v_o,这类晶体称为正晶体,例如石英。如图 1.22(b)所示,椭球面包围球面,$v_o < v_e$,且 v_e 是所有 e 光中传播速率的最大值,当 e 光的电场矢量垂直于光轴时,其传播速率达到最小值 v_o,这类晶体称为负晶体,例如方解石。

根据折射率的定义,对于 o 光,晶体的折射率 $n_o = c/v_o$,由于 v_o 各方向相同,所以 o 光的折射率是由晶体材料决定的常数,与方向无关。对于 e 光,各方向的传播速率不同,不存在普通意义的折射率,通常把真空中光速 c 与光矢量平行于光轴的 e 光的传播速率 v_e 之比,称为 e 光的主折射率,即 $n_e = c/v_e$。n_o 和 n_e 是晶体的两个重要参量,对于正晶体,$n_e > n_o$,对于负晶体,$n_e < n_o$。

利用双折射晶体 o 光和 e 光传播速度的不同,从而可以使光经过晶体后,两种光的相位产生不同,也可以认为是两种光之间产生了相位延迟,据此可以制成相位延迟器,从而可以获取椭圆偏振光。

5)波晶片

将单轴晶体沿光轴方向切割而成的具有一定厚度、表面与晶体的光轴平行的平板称为波晶片,如图 1.23 所示。当一电矢量方向与光轴的夹角为 θ 的线偏振光正入射到波晶片上时,进入晶体后将分解为光矢量垂直于光轴的 o 光和光矢量平行于光轴的 e 光,二者的传播方向虽然相同,但波晶片对两种光折射率不同。设波晶片的厚度为 d,则 o 光和 e 光通过波晶片的光程分别为 $n_o d$ 和 $n_e d$。同一时刻,二者在出射界面上的相位相比于入射界面分别落后了:

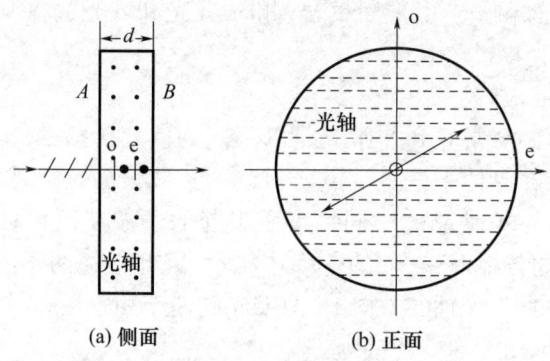

图 1.23 波晶片

$$\phi_o = \frac{2\pi}{\lambda} n_o d \qquad (1.59)$$

$$\phi_e = \frac{2\pi}{\lambda} n_e d \qquad (1.60)$$

式中:λ 为真空中的波长。由此可见,通过波晶片后 o 光的相位相对于 e 光多延迟了

$$\Delta = \phi_o - \phi_e = \frac{2\pi}{\lambda}(n_o - n_e)d \qquad (1.61)$$

由式(1.61)可知,相位延迟 Δ 除与折射率之差 $(n_o - n_e)$ 成正比外,还与晶片厚度 d 成正比。适当选择厚度 d,可以使两束光之间产生任意数值的相对相位延迟 Δ。在实际中最常用的波晶片是四分之一波片($\lambda/4$ 波片),其厚度 d 满足关系式 $(n_o - n_e)d = \pm \lambda/4$,于是 $\Delta = \pm \pi/2$;其次是二分之一波片($\lambda/2$ 波片,或称半波片)和全波片,它们的厚度 d 分别满足关系式 $(n_o - n_e)d = \pm \lambda/2$ 和 λ,即 $\Delta = \pm \pi$ 和 2π。更确切地说,满足 $(n_o - n_e)d = \pm(2k+1)\lambda/4$($k$ 是任意整数)的波片都是四分之一波片。对于 $\lambda/2$ 波片和全波片而言,也是只要满足类似的关系即可。

当一束线偏振光垂直入射到波晶片上时,若其电矢量的方向与光轴平行,则光在晶体中为 e 光,对正晶体而言其传播速度最小,对负晶体而言其传播速度最大;若其电矢量的方向与光轴垂直,则光在晶体中为 o 光,对正晶体而言其传播速度最大,对负晶体而言其传播速度最小;相应的方位称为波晶片的快(或慢)轴。实际中波晶片的快(或慢)轴一般是不知道的,但可以通过实验的方法进行标定。例如,一束线偏振光垂直入射到 $\lambda/4$ 波片上,通过旋转 $\lambda/4$ 波片总可以找到其出射线偏振光的方位,该方位就是光轴方向或垂直于光轴方向,这样就可以标定 λ/4 波片的快(或慢)轴。

6) 补偿器

补偿器是可以连续改变 o、e 光相差的装置,可以看作一种有效厚度可变的波晶片。图 1.24 所示为索累补偿器,它由两个石英直角劈(A 和 A')和一个石英平行平面薄板(B)组成。两个石英劈的光轴平行且在图面内,石英板的光轴垂直于图面,上劈可通过微动螺旋使之进行平行移动。当波长为 λ 的单色光正入射到补偿器上表面时,振动方向在图面之内的光在石英劈中为 e 光,进入石英板后变为 o 光;振动方向与图面垂直的光则相反,在石英劈中为 o 光,在石英板中为 e 光,且它们的传播方向均与入射光方向相同。设入射光通过两石英劈的厚度为 d_1,通过石英板的厚度为 d_2,补偿器对于这两种线偏振光引入的相位延迟分别为

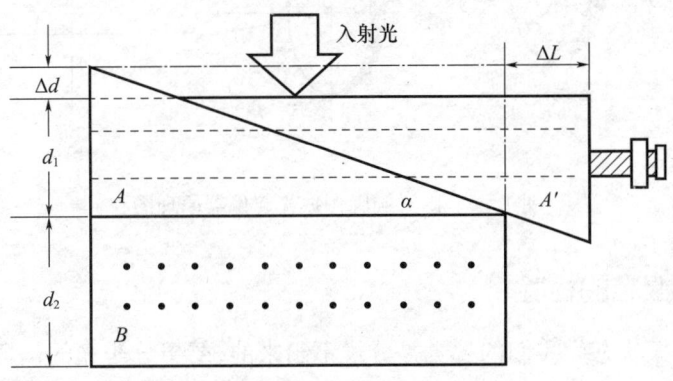

图 1.24 索累补偿器

$$\phi_{//} = \frac{2\pi}{\lambda}(n_e d_1 + n_o d_2) \tag{1.62}$$

$$\phi_{\perp} = \frac{2\pi}{\lambda}(n_o d_1 + n_e d_2) \tag{1.63}$$

这两种光由补偿器所引入的相差为

$$\Delta = \phi_{//} - \phi_{\perp} = \frac{2\pi}{\lambda}(n_o - n_e)(d_2 - d_1) \tag{1.64}$$

通过改变 d_1,可任意调整补偿器的有效厚度($d_2 - d_1$),从而连续改变 Δ 值。当调节微动螺旋使石英劈 A' 横向移动时,设改变量为 ΔL,石英劈的楔角为 α,则沿光束方向厚度改变量为

$$\Delta d = \Delta L \cdot \tan\alpha \tag{1.65}$$

式(1.61)可写为

$$\Delta = \frac{2\pi}{\lambda}(n_o - n_e)\Delta d = \frac{2\pi}{\lambda}(n_o - n_e)\tan\alpha \cdot \Delta L = C \cdot \Delta L \tag{1.66}$$

式中:C 为补偿器的定标系数。当 $d_2 = d_1$ 时,$\Delta = 0$,此时石英劈 A' 正好与石英劈 A 完全闭合。

7) 椭圆(圆)偏振光的获取

让自然光相继通过一个线偏振器(如偏振片)和一个 λ/4 波片,可以获得圆偏振光或椭圆偏振光。如图 1.25(a)所示,P 表示偏振片的透振方向。当线偏振光射入到波片后,

将分成振动方向互相垂直的 o 光和 e 光,波片中 o 光和 e 光的振幅,决定于入射偏振光的振动方向和波片光轴方向的夹角。设入射偏振光的振幅为 E,$\lambda/4$ 波片的光轴与线偏振光电场矢量的夹角为 θ(锐角),则 o 光和 e 光的振幅分别为 $E_o = A\sin\theta$,$E_e = E\cos\theta$,如图 1.25(b)所示。偏振光通过 $\lambda/4$ 波片后,o 光和 e 光的相位差为 $\Delta = \pm\pi/2$,当 $\theta = 45°$ 时,$E_o = E_e$,则从 $\lambda/4$ 波片透射出来的光是圆偏振光。当 $\theta = 0°$ 或 $\theta = 90°$ 时,$E_o = 0$ 或 $E_e = 0$,出射的仍然是线偏振光。当 θ 为其他任意值时,透射出来的一般是椭圆偏振光。因此,线偏振光通过 $\lambda/4$ 波片可以获取椭圆(圆)偏振光。

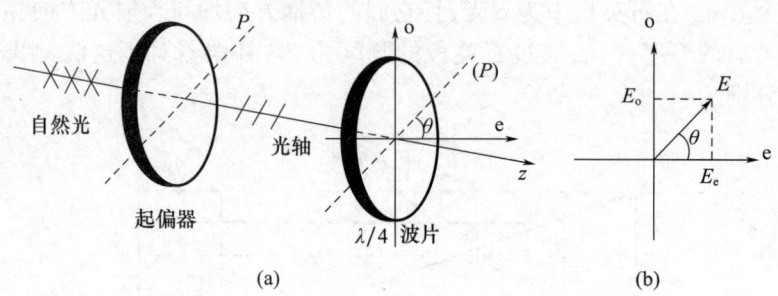

图 1.25 圆或椭圆偏振光起偏器原理图

1.2.6 光的偏振态的检验

一束光的偏振状态凭我们的视觉是分辨不出来的,要想分辨光的偏振态,需要借助光学器件来进行检验,检验光的偏振态的器件统称为检偏器。由前一节关于光的偏振本质和不同偏振光特性,我们来说明怎样进行偏振态的检验。

假定入射光有五种可能性,即自然光、部分偏振光、线偏振光、圆偏振光、椭圆偏振光。由马吕斯定律可知,利用一块偏振片(或其他检偏器)可以将线偏振光区分出来,但对于自然光和圆偏振光、部分偏振光和椭圆偏振光不能区分。而利用一块 $\lambda/4$ 波片可以把圆偏振光和椭圆偏振光变为线偏振光,但不能把自然光和部分偏振光变为线偏振光。将偏振片和 $\lambda/4$ 波片结合起来使用,就可以把上述五种光完全区分开来。检验的步骤列于表 1.1,装置参见图 1.26。

表 1.1 偏振光检验

第一步	令入射光通过偏振片 P_1,旋转偏振片 P_1,观察透光强度的变化			
观察到的现象	有消光	强度无变化	强度有变化,但无消光	
结论	线偏振光	自然光或圆偏振光	部分偏振光或椭圆偏振光	
第二步		①令入射光依次通过 $\lambda/4$ 波片和偏振片 P_2,改变偏振片 P_2 的透振方向,观察透射光的强度变化	②同①,只是 $\lambda/4$ 波片的光轴方向必须与第一步中偏振片 P_1 产生的强度极大或极小的透振方向重合	
观察到的现象		有消光	无消光	有消光	无消光
结论		圆偏振光	自然光	椭圆偏振光	部分偏振光

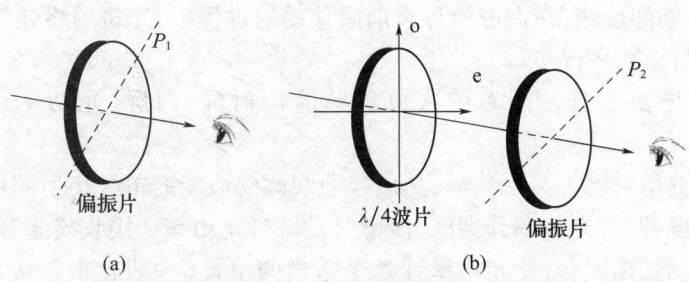

图 1.26 偏振态的检验

如果入射光是线偏振光,经过第一步就可以判断出来了,其标志是通过偏振片 P_1 会产生消光现象。如果第一步没有出现消光现象,入射光有可能是圆或椭圆偏振光,也有可能是自然光或部分偏振光,如果是圆或椭圆偏振光,我们就可利用 $\lambda/4$ 波片把它变成线偏振光,然后加以区分。对于椭圆(圆)偏振光来说,可以分解为光矢量相互垂直、相位相差 $\pi/2$ 的两束线偏振光,当 $\lambda/4$ 波片的光轴与这两束线偏振光的光矢量平行(垂直)时,经 $\lambda/4$ 波片后,两者相位差变为 π,合成后就变为线偏振光了。通过旋转 $\lambda/4$ 波片总能找到使椭圆(圆)偏振光变为线偏振光的这一方位,因此,在实验中可以利用 $\lambda/4$ 波片和偏振片来区分圆偏振光与自然光、椭圆偏振光与部分偏振光。

1.3 实验项目

波动光学实验共设计了 5 个实验,分别是光的干涉与衍射,激光偏振度的测量及偏振片透振方向的标定,晶体双折射与角度测量,$\lambda/2$ 波片、$\lambda/4$ 波片快(慢)轴的标定及椭圆(圆)偏振光的产生,测量波片的相位延迟。也可以根据现有仪器和各种附件,自己设计和组装测量仪器,进行其他实验,提高科学思维能力和实验的动手能力。

实验 1.1 光的干涉与衍射

【实验目的】
1. 观测单缝衍射现象,研究激光通过单缝形成的衍射图样的光强分布和规律。
2. 观测双缝干涉射的实验现象,研究激光通过双缝形成的干涉图样的光强分布规律。

【实验仪器】
激光器、光功率计、白屏、光学导轨、光学底座(若干)、单缝衍射屏、双缝干涉屏、可调衰减片。

【实验内容】
1. 观测夫琅禾费单缝衍射的光强分布。
2. 观测双缝干涉的光强分布。

【实验步骤与数据记录】
1. 夫琅禾费单缝衍射的观察与测量
(1)调整激光器水平,借助白屏(可以将白屏上的水平刻线作为标准)调节。通过调节激光器支架的俯仰旋钮,在白屏沿导轨前后移动的过程中,光斑始终处在白屏的同一位置,此时激光束与导轨平行。

(2)在光学导轨上自左至右依次放置单缝衍射屏、白屏、光功率计,并适当调整高低。

(3)选择单缝衍射屏上某一狭缝,从白屏上观测到清晰的单缝衍射图样。

(4)取下白屏,调节光功率计高低,使衍射光斑与光功率计接收狭缝等高。

(5)调节手动扫描平台,使光功率计处于适当的位置(一般在衍射级次 $m \geqslant 5$);然后通过扫描平台侧面的手轮缓慢调节光功率计的水平位置,进行实时测量,使衍射斑光强的极大值依次通过光功率计,每移动0.1(或0.2)mm记录一次数据,表格自拟。

(6)改变单缝的宽度,重复步骤(3)、(4)、(5)的操作。

(7)做出各种缝宽条件下光强随位置变化的曲线图。

2. 双缝干涉的观察与测量

(1)将单缝衍射屏换成双缝干涉屏,重新放置白屏,选择双缝干涉屏上某一缝距的双缝,从白屏上观察到清晰的双缝干涉图样。

(2)取下白屏,调节手动扫描平台,使干涉光斑照在光功率计的入射狭缝上。

(3)调节手动扫描平台,使光功率计处于适当的位置($m \geqslant 5$ 级干射光斑位置);利用手轮缓慢调节光功率计的水平位置,进行实时测量,使干涉斑光强的极大值依次通过光功率计,每移动0.1(或0.2)mm记录一次数据,表格自拟。

(4)缝宽不变,改变缝间距,重做以上内容。

(5)固定缝间距,改变缝宽,重复实验。

(6)作出相对光强作为 I 随水平位移 x 变化的曲线图。

【思考题】

1. 双缝和多缝衍射的特点与单缝有何不同,导致衍射花样发生变化的机理是什么?
2. 如果用高压汞灯或钠灯作光源,单缝、双缝或多缝衍射将出现何种衍射图样?

实验1.2 激光偏振度的测量及偏振片透振方向的标定

我们所用的半导体激光器发出的光是部分偏振光,通过本实验对其进行偏振度的测量,并利用偏振分光棱镜获取线偏振光,并标定偏振片的透振方向。

【实验目的】

1. 学会测量激光器发出激光的偏振度。
2. 利用偏振分光棱镜获取线偏振光,并学会偏振片透振方向的标定。
3. 验证马吕斯定律。

【实验仪器】

激光器、光功率计、接收白屏、光学导轨、光学底座(若干)、可调衰减片、偏振分光棱镜、偏振片。

【实验内容】

1. 激光器发出的激光偏振度的测量。
2. 标定偏振片的透振方向。
3. 马吕斯定律的验证。

整体光路如图 1.27 所示,自左向右依次为激光器、可调衰减片、偏振分光棱镜、偏振片和光功率计。

图 1.27　偏振片偏振方向标定实物图

【实验步骤与数据记录】

1. 激光器发出的激光偏振特性的检验与偏振度的测量

(1)调整激光器水平,使出射激光束与导轨平行,方法同实验 1.1。

(2)把可调衰减片、白屏放置在光具座上,调整它们的高低合适,再把可调衰减器调整到衰减最大位置。

(3)把白屏换为光功率计并调整光功率计的高低与方向,使光功率计接收的光强最大,然后适当调节衰减片增大光强,但要保证光功率计不溢出。

(4)在可调衰减片后放置偏振片,调整偏振片高低尽可能使光通过偏振片中心(偏振片距离衰减器要远一些,为后面放置偏振分光棱镜留出空间)。

(5)旋转偏振片 1 周,记下光功率计接收到的最大光强与最小光强,计算偏振度。

2. 标定偏振片的透振方向

(1)在可调衰减片后放置偏振分光棱镜并调整其方位,使激光垂直照射到入射面上,偏振分光棱镜将入射的光束分为两束,透射光为水平偏振(P 光),反射光为竖直偏振(S 光),实验中只用水平偏振光。

(2)旋转偏振片一周,观察光功率计示数变化,待功率计示数最大,记录偏振片角度 θ_0 和最大光强(光功率表示)I_0,θ_0 即对应偏振片透振方向为水平方向。

3. 马吕斯定律的验证

(1)顺时针缓慢旋转偏振片,每转动 5°(或 10°)记录一次光强,可以连续测量 1 周(360°),记录偏振片转角 θ 与相对应的光强 $I(\theta)$,表格自拟。

(2)做出相对光强 $I'(\theta) \sim \theta$ 曲线和 $I'(\theta) \sim \cos^2\theta$ 曲线,验证马吕斯定律($I'(\theta) = I(\theta)/I_0$)。

【思考题】

1. 本实验是在已知激光器发出的是部分偏振光的情况下测量激光的偏振度,如果不知道激光器发出光为部分偏振光,从本次实验的现象是否可以判断其偏振特性,如果不能判断,需要增加什么实验进一步判断?

2. 在测量激光器的偏振度时,记录的是激光透过偏振片后的最大值、最小值,这样测得的偏振度与其实际偏振度之间是否存在差异？若存在差异，分析产生的原因。

3. 迎着太阳驾车，路面的反光很耀眼，一种用偏振片做成的太阳镜能减弱甚至消除这种眩光。这种太阳镜较之普通的墨镜有什么优点？应如何设置它的透振方向？

实验1.3　晶体双折射与角度测量

【实验目的】

1. 通过实验观察双折射现象，直观认识晶体的双折射。
2. 实验确定o光与e光的偏振方向，认识o光与e光偏振方向与其主平面的关系。

【实验仪器】

激光器、光功率计、接收白屏、光学导轨、光学底座（若干）、可调衰减片、双折射晶体（方解石）、偏振片。

【实验内容】

1. 观察双折射现象，计算晶体中o光与e光的夹角。
2. 确定o光与e光的偏振方向。

【实验步骤与数据记录】

1. 参考图1.28搭建晶体双折射与角度测量实验光路。自左向右依次为激光器、双折射晶体（方解石）、偏振片和白屏。
2. 调整光学系统共轴，调节方法参考实验1.2。
3. 实验现象观察与测量：

①当激光通过双折射晶体时会在白屏上观察到2个光点，如图1.28所示。

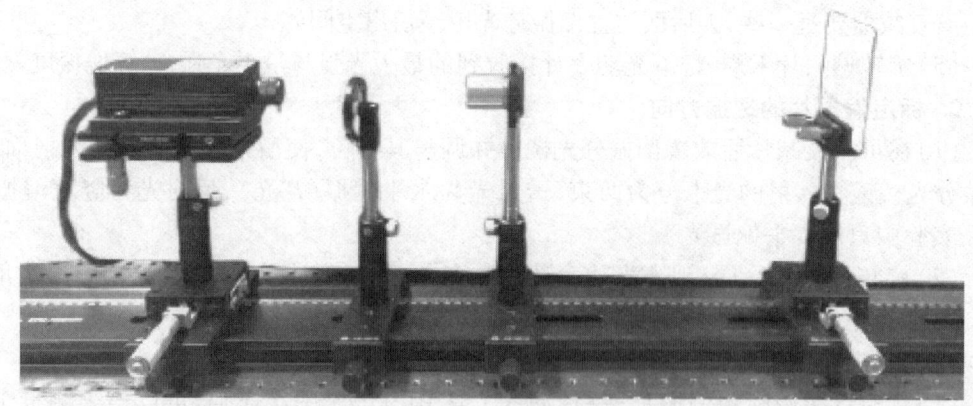

图1.28　晶体双折射实验实物图

②缓慢旋转晶体，会发现一个光点位置不变，另一个光点以不动的光点为中心旋转。（请解释哪一个为o光，哪一个为e光，为什么？）

③调整白屏高低，使不动的光点处于水平刻线上；转动双折射晶体使另一光点也处于水平刻线上，并读取两束光分开的距离d，计算两束光的夹角。

4. 自行设计方案，确定o光与e光的偏振方向。

说明：晶体的长度l为30mm，晶体切割时入射面与光轴方向夹角约45°。

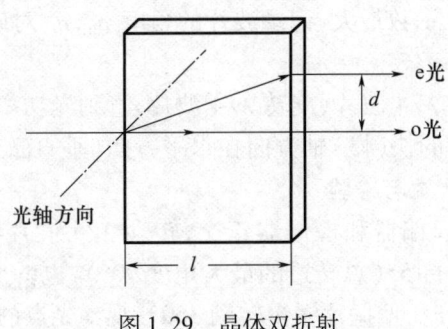

图 1.29　晶体双折射

【思考题】

当转动方解石时,如果发现寻常光也随之转动,是什么原因?

实验 1.4　$\lambda/2$ 波片、$\lambda/4$ 波片快(慢)轴的标定及椭圆(圆)偏振光的产生

【实验目的】

1. 通过实验标定 $\lambda/2$ 波片、$\lambda/4$ 波片的快(慢)轴,了解波片的作用。
2. 掌握椭圆(圆)偏振光产生与检验方法,了解其在生活中的作用。

【实验仪器】

激光器、可调衰减片、光功率计、白屏、光学导轨、光学底座(若干)、偏振分光棱镜、$\lambda/2$ 波片、$\lambda/4$ 波片、偏振片。

【实验内容】

1. 标定 $\lambda/2$ 波片、$\lambda/4$ 波片快(慢)轴。
2. 椭圆(圆)偏振光的产生与检验。
3. $\lambda/2$ 波片对线偏振光的作用。

【实验步骤与数据记录】

一、$\lambda/2$ 波片、$\lambda/4$ 波片快(慢)轴的标定

1. 参考图 1.30 搭建偏振光产生与检验光路。自左向右依次为激光器、可调衰减片、偏振分光棱镜、偏振片、光功率计(如果观察消光,可在光功率计前面放置白屏)。

图 1.30　波片快(慢)轴的标定与椭圆偏振光的产生及检验参考光路图

2. 分别调整激光器、偏振分光棱镜(起偏器,透振方向为水平方向)、偏振片、光功率计在同一个高度(调整过程可以参照实验 1.2)。

3. 旋转偏振片使光功率计示数最大,此时偏振片角度 θ_0 对应透振方向为水平方向。

4. 在偏振分光棱镜和偏振片中间插入待标定的 $\lambda/2$ 波片,旋转半波片,观察光功率

计示数变化,直到光功率计示数最大,记录波片的角度 η_0,η_0 对应半波片的快(慢)轴在水平方向(垂直激光束方向)。

5. 把 $\lambda/2$ 波片更换为 $\lambda/4$ 波片,旋转 $\lambda/4$ 波片,直到光功率计示数最大,记录波片的角度 Φ_0,Φ_0 对应 $\lambda/4$ 波片的快(慢)轴方向在水平方向(垂直激光束方向)。

二、椭圆(圆)偏振光产生与检验

1. 旋转偏振片 90°使起偏器和检偏器正交,转动 $\lambda/4$ 波片使产生消光现象;然后把 $\lambda/4$ 波片沿相同方向每转过 15°(总转过的最大角度 90°),也就是 $\lambda/4$ 波片转动总角度分别为 30°、45°、60°、75°、90°时,偏振片缓慢转动 360°,观察光点的明暗变化,自拟表格记录所观察到的现象,并分析每次旋转 $\lambda/4$ 波片后出射光的偏振状态。

三、$\lambda/2$ 波片对线偏振光的作用

1. 旋转偏振片使起偏器和检偏器正交,把 $\lambda/4$ 波片换为 $\lambda/2$ 波片,旋转 $\lambda/2$ 波片 360°,观察消光的次数并解释这现象。

2. 转动 $\lambda/2$ 波片使产生消光,以此为起始位置,把波片旋转 15°,破坏其消光,缓慢转动偏振片至消光位置,记录偏振片转动的角度。

3. 再把 $\lambda/2$ 波片转 15°(即总转动角为 30°),记录检偏器达到消光所转总角度。依次使 $\lambda/2$ 波片总转角为 45°、60°、75°、90°,记录检偏器消光时所转总角度。

【思考题】

1. 线偏振光通过 $\lambda/4$ 波片后可以获取椭圆偏振光,产生的原因是什么?
2. 如何用实验方法来区分自然光与圆偏振光,椭圆偏振光与部分偏振光?

实验1.5　测量波片的相位延迟

【实验目的】

1. 掌握测量波片相位延迟量的实验原理以及波片相位延迟量的基本测量方法。
2. 了解波片在光学系统中的应用。

【实验仪器】

激光器、光功率计、接收白屏、光学导轨、光学底座(若干)、可调衰减片、偏振分光棱镜、待测波片、补偿器、偏振片。

【实验内容】

1. 相位补偿器的定标。
2. 测量未知波片的相位延迟。

【实验步骤与数据记录】

1. 参考图 1.31 搭建实验光路:自左向右依次为激光器,可调衰减片,偏振分光棱镜,待测波片,补偿器,偏振片和光功率计。调整光学系统等高共轴,方法参照实验 1.2。

2. 正交调节:将起偏器(偏振分光棱镜)、检偏器放到光路中。旋转检偏器,使输出光束光强最小,即光功率计值最小,即消光,此时起偏器和检偏器偏振方向正交。

3. 补偿器晶轴方位调节:把补偿器放置到光路中的起偏器和检偏器之间,光线应垂直穿过光学表面。此时输出光强可能不再是最小。绕光传播方向旋转补偿器到消光位置,此时补偿器晶轴方向与入射光偏振方向重合。再将补偿器旋转 45°,拧紧两个锁紧螺钉以防止器件转动。

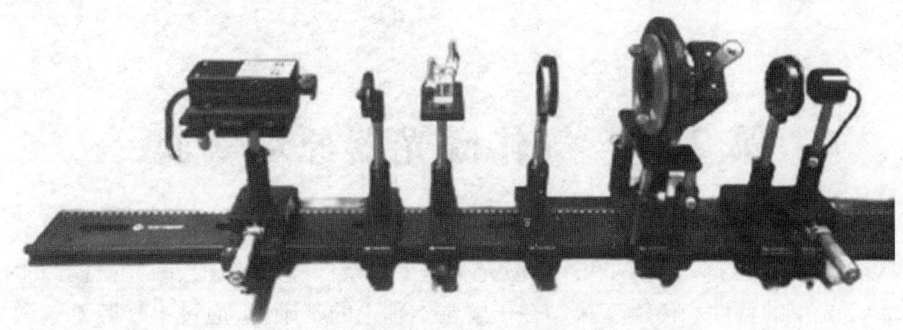

图 1.31 波片相位测量光路图

4. 补偿器标定：补偿器旋转 45°后，光功率计指示一般不再为 0。调节测微丝杆可得到两个消光位置 $x_0, x_{2\pi}$，分别对应补偿器提供相位延迟为 0 和 2π 的位置。对任意波长入射光，零相位延迟的位置不变，而 2π 相位延迟的位置则和入射光波长有关。在 0 和 2π 之间可对测微丝杆的平移量线性定标。

5. 待测器件晶轴方位调节：把待测器件放置到光路中的起偏器和补偿器之间，旋转波片，找到消光位置。然后将波片旋转 45°。此时待测波片快慢轴方向、补偿器快慢轴方向与主轴方向重合。

6. 测量待测波片：调节补偿器的螺旋丝杆，从零点位置向外旋转找到消光位置 x_Δ，此时补偿器平移量为 $\Delta L = x_\Delta - x_0$。根据定标系数，可得到补偿器的相位延迟 Δ，待测波片的相位延迟即为 $\delta = 2\pi - \Delta$。

说明：补偿器的定标系数如下。

设 $X = x_{2\pi} - x_0$，根据式(1.66)，可得补偿器的定标系数为

$$C = \frac{2\pi}{\lambda}(n_e - n_o)\tan\alpha = \frac{2\pi}{\Delta X}$$

该系数和光的波长、补偿器楔角值及双折射中 o 光与 e 光的折射率差有关。每次测量前应先对补偿器定标。

【思考题】

1. 分别描述你在实验中观察到的有趣现象，做定性和定量分析解释。
2. 偏振光与双折射实验的总结（经验分享、体会、感想、讨论、建议等）。

参考文献

[1] 赵凯华. 新概念物理教程·光学[M]. 北京：高等教育出版社，2004.
[2] 梁铨廷. 物理光学[M]. 北京：电子工业出版社，2018.
[3] 钟锡华. 现代光学基础[M]. 北京：北京大学出版社，2003.

第 2 章 气体激光器原理实验

简要介绍激光器的基本结构和产生激光所满足的条件,激光纵模、激光横模产生的原因和表示,高斯光束的特性和传输变换。在了解基本理论的基础上,通过半外腔氦氖激光器的调节与输出功率测量、激光器纵模模式分析、激光偏振态的验证与横模模式观察、氦氖激光器发散角、激光扩束与高斯光束的束腰变换等实验,来了解气体激光器谐振腔设计与调整方法;不同激光谐振腔腔型与激光输出功率关系;气体激光器输出光的偏振特性;气体激光纵模模式竞争及不同腔长对纵模间隔的影响;气体激光远场发散角、高斯光束的特征。

2.1 引言

激光科学是 20 世纪中叶以后发展起来的一门新兴科学技术。它是现代物理学的一项重大成果,是量子理论、无线电电子学、微波波谱以及固体物理学的综合产物,也是科学技术、理论与实践紧密结合产生的灿烂成果。激光科学从它的孕育到初创和发展,凝聚了众多科学家的创造智慧。

激光理论的基础早在 1916 年就已经由爱因斯坦奠定了。他以深刻的洞察力首先提出了受激辐射的思想,并在 1917 年发表论文《辐射的量子理论》中提出了受激辐射概念。在通常情况下,靠受激辐射很难实现光放大。因此,爱因斯坦提出受激辐射理论以后的多年里,该理论没有太多应用,仅局限于理论上讨论光的散射、折射、色散和吸收等过程。直到 1960 年,美国科学家梅曼把两端面抛光含有 Cr^{3+} 的红宝石晶体棒放在氙灯下照射,实现了受激辐射的光放大(Light Amplification by Stimulated Emission of Radiation,首字母组成 Laser 一词),这就是世界上第一台激光器,它标志着激光技术的诞生。

相对一般光源,激光有良好的方向性,也就是说,光能量在空间的分布高度集中在光传播方向上,但它也有一定的发散度。在激光横截面上,光强是以高斯函数的形式分布的,故称作高斯光束。同时激光还具有单色性好的特点,也就是说,它可以具有非常窄的谱线宽度。由于激光具有如此多的普通光源无法比拟的优点,因此在科技研究、生产生活、军事武器等方面都具有广泛的应用。在激光生产与应用中,如定向、制导、精密测量、光通信等,我们常常需要先知道激光器的构造,同时还要了解激光器的各种参数指标。激光原理与技术综合实验对于了解激光器的结构、原理、特性及其应用具有重要的基础性意义。本章实验通过研究氦氖激光器这一典型气体激光器,让大家对激光系统有一个深入完整的了解。

2.2 激光原理基础知识

激光究竟是怎样产生的?激光为什么具有众多的优点?这需要了解光与物质的相互

作用、产生激光所必须具备的条件以及激光的特性。

2.2.1 光吸收、自发辐射和受激辐射

光和原子的相互作用主要有三个基本过程,即光吸收、自发辐射和受激辐射。设原子的两个能级为 E_1 和 E_2,且 $E_1 < E_2$。当能量为 $h\nu = E_2 - E_1$ 的光子照射到原子上时,原子就有可能吸收此光子的能量,从低能级 E_1 跃迁到高能级 E_2,这个过程称为光的吸收,又称受激吸收。如图 2.1 所示,受激吸收过程不是自发产生的,必须有外来光子的"刺激",并且外来光子的能量必须满足 $h\nu = E_2 - E_1$ 的条件。

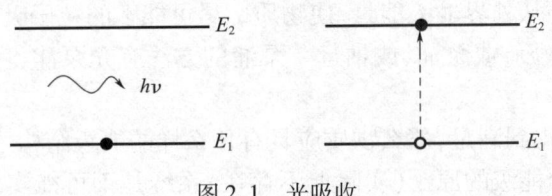

图 2.1 光吸收

受到激发后处于高能级 E_2 的原子是不稳定的,在一般情况下,它只能在高能级停留 10^{-8} s 左右。它会在没有外界影响的情况下自发地返回到低能级 E_1,同时向外辐射一个能量为 $h\nu = E_2 - E_1$ 的光子,这种辐射称为自发辐射,如图 2.2 所示。自发辐射的特点是:各个原子的跃迁都是自发、独立进行的,与外界无关。它们所发出的光的振动方向、相位都不一定相同,因此自发辐射发出的光是非相干光。例如白炽灯、日光灯、高压汞灯等普通光源的发光过程都是自发辐射。

如果处于高能级 E_2 的原子在自发辐射前,受到能量为 $h\nu = E_2 - E_1$ 的光子的"刺激"作用,就有可能从高能级 E_2 向低能级 E_1 跃迁,并向外辐射一个与外来光子相同的另一光子,这种辐射称受激辐射,如图 2.3 所示。显然,受激辐射并非自发产生,须有外来光子的"刺激",且外来光子的频率必须符合 $h\nu = E_2 - E_1$ 的条件。实验表明,受激辐射产生的光子与外来光子具有相同的频率、相位、偏振方向。而且,由于输入一个光子,可以同时得到特征完全相同的两个光子,这两个光子又可以激发其他处于高能级的原子产生受激辐射,产生四个完全相同的光子。以此类推,在一个光子的作用下,就能获得大量完全相同的光子,这种现象称为光放大。由此可见,在受激辐射中,各原子发出的光同频率、同相位、同偏振态,因此由受激辐射得到的放大了的光是相干光,这就是激光。

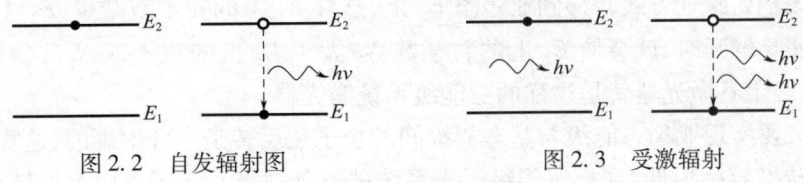

图 2.2 自发辐射图　　　　图 2.3 受激辐射

2.2.2 粒子数布居反转分布

光与物质原子相互作用时,总是同时存在光吸收、自发辐射、受激辐射三种过程,爱因斯坦从理论上证明,在两个能级之间,受激吸收跃迁和受激辐射跃迁具有相同的概率。但是,通常情况下,原子体系总是处于热平衡状态,热平衡状态下的原子数目遵从玻尔兹曼

统计分布,处于低能级的原子数目 N_1 总比处于高能级的原子数目 N_2 多得多,因此,在通常情况下,难以产生连续的受激辐射。显然,要获得受激辐射的光放大,必须使处于高能级的原子数目 N_2 大于处于低能级的原子数目 N_1。这种分布与正常分布相反,称为粒子数布居反转,简称粒子数反转。

能造成粒子数反转的物质叫激活物质,也就是激光器的工作物质。激活物质可以是气体、固体,也可以是液体。气体又可以是原子、分子、准分子或者离子气体。但并非各种物质都能实现粒子数反转,即便能实现粒子数反转的物质中,也不是该物质的任意两个能级之间都能实现粒子数反转。要实现粒子数反转,一方面要求这种物质具有合适的能级结构,另一方面还必须从外界输入能量,使物质中尽可能多的粒子吸收能量后跃迁到高能级上去,这种过程叫激励,或泵浦,或抽运。泵浦的方法有光泵浦、气体放电泵浦、化学泵浦、核能泵浦等。

若泵浦过程可以得到满足,那么物质应具有什么样的能级结构才能实现粒子数反转?理论证明,只具有两个能级的原子(实际上不存在)系统是不可能实现粒子数反转的。对于图 2.4(a)的三能级系统,才有可能实现粒子数反转。图中,E_1 为基态,E_2、E_3 为激发态,且 E_2 为亚稳态。粒子在 E_2 上的寿命比在 E_3 上的寿命长得多。因为粒子在一般激发态上的寿命约为 10^{-8} s,而在亚稳态上的寿命可长达 $10^{-3} \sim 1$ s。

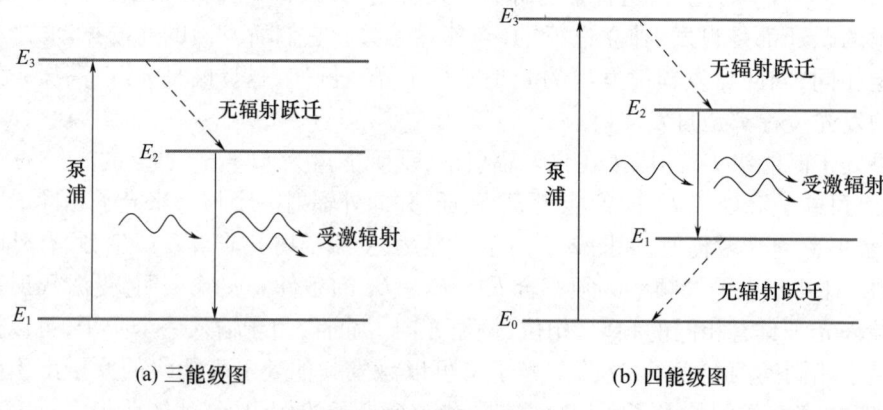

(a) 三能级图　　　　　　　　　(b) 四能级图

图 2.4　两种能级图

在外界能源的泵浦下,处于基态 E_1 的粒子被泵浦到激发态 E_3 上,而 E_3 态的寿命很短,很快以无辐射跃迁方式转移到亚稳态 E_2 上,这样 E_1 上的粒子数减少,E_2 上的粒子数增多,当泵浦足够强时,就会使 E_2 上的粒子数 N_2 大于 E_1 上的粒子数 N_1,这就实现了粒子数反转。红宝石激光器就是这样的三能级系统激光器。

实际上,要实现亚稳态能级与基态能级间的粒子数反转是十分困难的,这需要十分强的泵浦,且转换效率很低,这是三能级激光系统的显著缺点。为了克服这一缺点,可以利用如图 2.4(b)所示的四能级系统。在该系统中,实现粒子数反转的两个特定能级 E_1、E_2 中,下能级 E_1 不是基态,而是激发态,E_2 仍是亚稳态,这样 E_1 上的粒子数本来就少,只要 E_2 上稍有粒子积累,就容易实现粒子数反转。氦氖激光器就是四能级系统。

不管是三能级系统,还是四能级系统,要出现粒子数反转,必须内有亚稳态能级,外有泵浦能源,粒子的整个输运过程必定是一个循环往复的非平衡过程。需要说明的是,所谓的三能级或四能级,并不是激活物质的实际能级,它们只是造成粒子数反转的整个物理过程的抽象概括。实际能级要比它们复杂得多,而且一种激活介质内部,可能同时存在多对特定能级间的粒子数反转,相应的也会发射多种波长的激光。图2.5所示为氦氖激光器中激活物质He、Ne的能级结构图。在氦氖激光器中,激光是Ne的受激辐射产生的,He只是作为泵浦的中间物质。相比于Ne,He在高速电子的激励下更容易被激励到其激发态2^1S_0和2^3S_1,而处于激发态的He与Ne碰撞,通过共振转移把Ne从基态激发到亚稳态$3S(2p^55s)$和$2S(2p^54s)$。由图2.5可知,氦氖激光器有多种实现粒子数反转的能级对,可以产生波长为3391.3nm、1152.3nm的红外光和632.8nm的红光,我们通常使用的氦氖激光器就是工作在632.8nm波段,属于四能级结构。

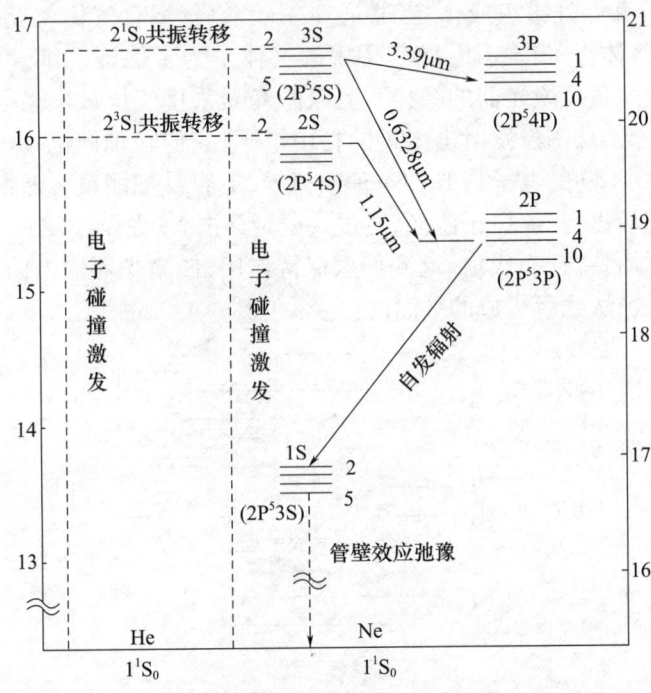

图2.5 氦氖激光器的能级结构

2.2.3 光学谐振腔

在实现了粒子数反转的激活介质中,可以使受激辐射占主导地位,产生光放大,但还不能产生具有一定强度的激光。要产生激光,还必须设计一种装置,使在某一方向的受激辐射得到不断放大,这种装置称为光学谐振腔。如图2.6所示,在激活物质的两端放置两个相互平行的反射镜M_1、M_2,其中一个是全反射镜,另一个是部分反射镜,这两个反射镜及其之间的空间就构成了光学谐振腔(此处为平行平面谐振腔,还存在其他形式的谐振腔)。当激活物质在外界的激励下实现粒子数反转时,会同时产生自发辐射和受激辐射。源于自发辐射的光子的方向是杂乱无章的,其中偏离谐振腔轴线的光子会很快逸出谐振腔,只有沿轴线的光子可在谐振腔中来回反射,通过工作物质时就引起受激辐射,从而使沿轴线方向的光不断增强,而在部分反射镜端射出一束极强的激光。

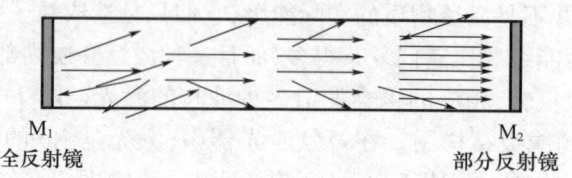

图 2.6 光学谐振腔

氦氖激光器的结构如图 2.7 所示,分为内腔式、外腔式和半内(外)腔式。不管哪种结构,其反射镜一般为一个凹面镜和一个平面镜,凹面镜为全反射镜(反射率达 99.8%),平面镜为部分反射镜(反射率约 98%),是激光输出镜,两镜之间的装置称为氦氖激光管,它由毛细管(放电管)和储气罐组成,二者联通在一起,氦氖混合气体就充在毛细管和储气罐中,毛细管中的气体为工作物质,储气罐中的气体是为了保证毛细管中气体的气压稳定。图 2.8 为外腔式氦氖激光器的结构。氦氖激光器采用气体放电激励,当在阴极与阳极之间加上高电压后,从阴极发射出大量的自由电子,它们在轴向电场的作用下,向阳极加速运动,这些速度不同的电子与 He、Ne 原子碰撞,更容易把能量传递给 He 原子,He 原子被激发到激发态后再与 Ne 原子碰撞,通过共振转移把 Ne 原子激发到亚稳态,从而起到泵浦的作用。布儒斯特窗(布氏窗)起到偏振保持作用,使激光器输出的激光的偏振方向在激光轴线和布氏窗法线所构成的平面内。

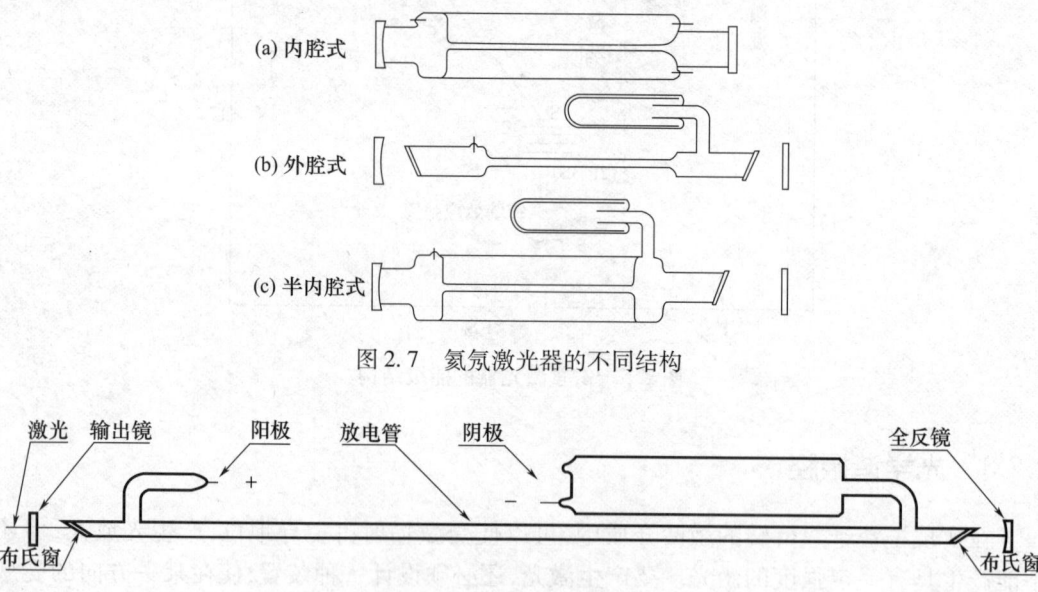

图 2.7 氦氖激光器的不同结构

图 2.8 外腔式氦氖激光器

2.2.4 激光器的增益阈值

是不是只要有激活物质、泵浦能源、谐振腔,激光器就一定能发射出激光?仍然不一定。从能量的观点分析,只有泵浦能源输送给激活物质的能量大于光的损耗时,才能使腔中光越来越强。腔中光的损耗包括介质的吸收、两端的透射等。因此,谐振腔和激活介质需要满足一定的条件,激光器才能发射出激光。可以证明,在只考虑两反射镜的损耗的情

况下,激光器能够产生振荡的增益条件为

$$R_1 R_2 e^{2GL} \geq 1 \tag{2.1}$$

式中:R_1、R_2 为两镜的反射率(反射能量与入射能量之比);L 为谐振腔的腔长;G 为光在传播方向上单位长度内光强的增长率,称为增益系数。由式(2.1)可知,在其他条件都一定时,增益系数的最小值,即增益系数的阈值为

$$G_m = \frac{1}{2L}\ln\left(\frac{1}{R_1 R_2}\right) \tag{2.2}$$

式(2.2)即为激光器需要满足的阈值条件。需要说明的是,不同的激光器,其阈值条件因泵浦形式、介质的不同等使其具体形式有所不同。

总之,产生激光的基本条件为:①激活介质在泵浦源的激励下实现粒子数反转;②光学谐振腔使受激辐射不断放大;③满足阈值条件。以上内容是激光器产生激光的基本条件,关于产生激光的模式和激光的特性,下面详细讲解。

2.2.5 激光的模式

1. 纵模及单个纵模的线宽

根据波动理论,光在谐振腔中传播时,由于多次反射,在其中产生相干作用,若腔长 l 满足:

$$2\mu l = q\lambda_q \tag{2.3}$$

式中:λ_q 为光的波长;μ 为介质的折射率(为避免与序数 n 混淆,这里用 μ 表示折射率),q 是正整数,那么在腔中形成以腔镜为节点的驻波,此时,光在腔中才能逐步加强,否则,光在腔中会很快衰减而被淘汰。因此,形成持续振荡的条件是,光在谐振腔中往返一周的光程应是波长的整数倍。同时,谐振腔又起到了选频的作用。当然了,有多少个满足式(2.3)的正整数 q,就会有多少种频率的激光模式,这种模式称为激光的纵模。q 称为纵模序数,λ_q 是纵模序数为 q 的光的波长。一般而言,q 是很大的正整数。称为纵模的原因是谐振腔中形成的驻波反映了沿谐振腔轴线方向(纵向)的光场分布。

由式(2.3)可得产生激光的频率为

$$\nu_q = q\frac{c}{2\mu l} \tag{2.4}$$

式中:c 为真空中的光速。由于 q 很大,其具体值并无太大意义,人们更关心存在几个 q 值,也就是更关心存在几个纵模以及相邻两个纵模的频率差。相邻两个纵模的频率差 $\Delta\nu_q$ 称为纵模间隔,由式(2.4)可知:

$$\Delta\nu_q = \frac{c}{2\mu l} \tag{2.5}$$

因此,激光器中出现的振荡频率不是任意的,而是有一定间隔 $\Delta\nu_q$ 的准分离谱,如图2.9所示。图中 $\Delta\nu_c$ 称为谐振腔作用下的单模线宽。单模线宽形成的原因是,一方面激活物质的能级具有一定宽度;另一方面谐振腔内产生的是多光束干涉,满足式(2.3)时,干涉相长,光强为极大,当然也存在干涉相消时光强为极小的情况,在这两者中间存在一个渐变的过程,这就是每个单纵模谱线并非锐利的线,而是有一定轮廓的谱线,称为共振轮廓。

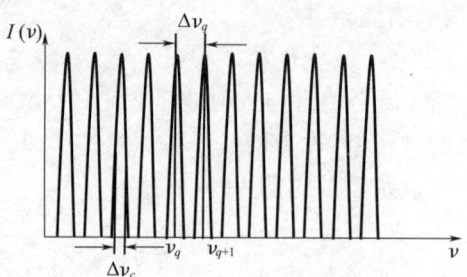

图 2.9 谐振腔决定的激光光谱示意图

由式(2.5)可以看出,纵模间隔和激光器的腔长成反比,即腔越长,$\Delta\nu_q$ 越小,满足振荡条件的纵模个数越多;相反,腔越短,$\Delta\nu_q$ 越大,满足振荡条件的纵模个数越少。例如:谐振腔长度为 50cm、工作在 632.8nm 的激光器,$\Delta\nu_q = 3 \times 10^8$Hz,相应的相邻两个纵模之间的波长差为 $\Delta\lambda_q = \lambda_q^2/2l \approx 4.0 \times 10^{-4}$nm。可见,相邻纵模间的频率差和波长差与其频率和波长相比要小 6 个数量级。

2. 由激活介质辐射决定的线宽

激活介质的一对能级 E_2 与 E_1 之间的辐射本身就有一定线宽,谱线的中心频率为 $\nu_0 = (E_2 - E_1)/h$,整个谱线强度曲线轮廓如图 2.10 所示。影响辐射线宽 $\Delta\nu$ 的主要因素有:

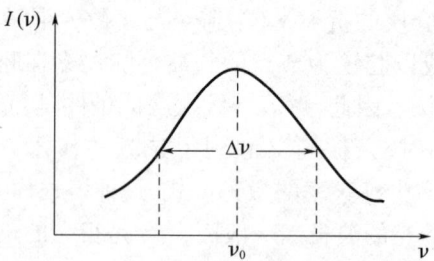

图 2.10 激活介质的辐射线宽

(1)自然线宽。粒子在激发态上停留的时间总是有限的,其平均寿命 τ 实际上是持续发射波列的时间,即相干时间:

$$\tau = \frac{1}{c}\frac{\lambda^2}{\Delta\lambda} \quad (2.6)$$

而 $\Delta\nu$ 与 $\Delta\lambda$ 之间的关系为 $\Delta\nu = -\frac{c}{\lambda^2}\Delta\lambda$,这里着重考虑数量大小的分析,可以不考虑该式中的负号,故

$$\tau\Delta\nu = 1 \quad (2.7)$$

利用式(2.7)可以估算出由能级寿命 τ 引起的谱线宽度 $\Delta\nu_N$,这种线宽叫自然线宽。τ 越大,$\Delta\nu_N$ 越小。因激光是来自亚稳态的受激辐射,所以其 $\Delta\nu_N$ 较窄。一般的亚稳态寿命达到 10^{-3}s,因此 $\Delta\nu_N \approx$ 1kHz。

(2)碰撞展宽。对于气体激光器而言,大量粒子之间相互碰撞,加速了激发态上的粒子向低能级跃迁,这相当于缩短了能级的寿命,导致谱线展宽,这就是碰撞展宽。因气体中粒子的碰撞频率取决于压强,因此碰撞展宽又称为压强展宽。在 1~2mmHg 压强下,氦氖激光器的 632.8nm 谱线的碰撞展宽达到 100~200MHz,远大于其自然展宽。

(3)多普勒展宽。由于热运动,大量粒子的速度分布服从麦克斯韦速率分布,这带来了辐射的多普勒效应,也就是说,处于高能级的粒子,一方面不停地热运动,另一方面又向低能级跃迁而发射光波。所以,对接收器,例如光谱仪来说,这些粒子是运动光源,即使它们发射单一频率 ν_0 的光,由于多普勒效应,向着接收器运动的粒子发出的光,接收器接收到的频率 ν 高于 ν_0,离开接收器的粒子发出的光,接收器接收到的频率 ν 低于 ν_0,从而导致了频率展宽 $\Delta\nu_D$,这就是所谓的多普勒展宽。谱线的多普勒轮廓与麦克斯韦分布函数相似,是高斯型的。在室温下,氦氖激光器的 632.8nm 谱线的多普勒展宽约为 1300MHz,远大于其自然展宽和碰撞展宽,因此氦氖激光器的辐射展宽的主要来源是多普勒展宽,其谱线展宽轮廓如图 2.10 所示。因此氦氖激光器由激活物质决定的线宽为 $\Delta\nu \approx 1300\text{MHz}$。

综合考虑激活物质决定的线宽和谐振腔决定的激光纵模及单纵模线宽,激活物质决定的线宽是谐振腔决定的激光纵模线型的包络线,因此,激光器中真正的纵模如图 2.11 所示。由图 2.11 可知,激光器中真正可以振荡的激光模式的个数由激活介质的辐射展宽和谐振腔的纵模间隔决定:

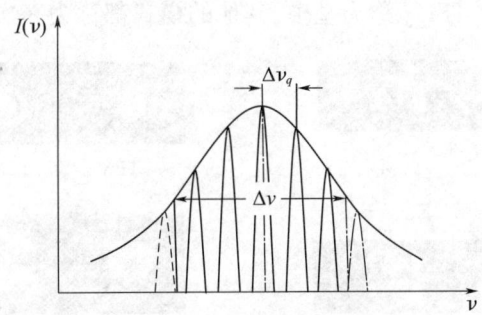

图 2.11 激光纵模与线宽

$$m = \left[\frac{\Delta\nu}{\Delta\nu_q}\right] \tag{2.8}$$

式中:[*]的含义为取整数。由此可知,缩短腔长,可以使 $\Delta\nu_q$ 增大,在同样的辐射展宽曲线范围内,纵模个数就越少,因而用缩短腔长的办法是获得单纵模运行激光器的方法之一。

例如:谐振腔长度为 50cm、工作在 632.8nm 的激光器,$\Delta\nu_q = 3\times10^8\text{Hz}$,可以观察到的纵模数目为 $m = \left[\dfrac{13\times10^8}{3\times10^8}\right] \approx 5$。图中的虚线模式事实上是观察不到的,因其在谐振腔中被损耗了,在模式竞争中被抑制了。在实验中可以观察到的模式,也存在此消彼长现象。若谐振腔长度缩短为 10cm,$\Delta\nu_q = 15\times10^8\text{Hz}$,$m = \left[\dfrac{13\times10^8}{15\times10^8}\right] \approx 1$,此时,激光器就工作在单纵模模式下了。这些现象都可以在实验中观察到。当然了,这种观察不是肉眼直接观察,而是通过检测仪器进行观察。

3. 激光的横模

如果可见光波段的激光入射到光屏上,仔细观察激光光斑的光强分布,就会发现它是不均匀的。不同激光器射出来的光强也是各不相同的。这就是说,激光在谐振腔内振荡的过程中,在光束的横截面上形成具有不同形式的稳定分布,这种分布称为激光束的横向模式,简称横模。

形成横模的主要原因是激光器中的衍射现象。因为谐振腔两端有两个反射镜,它们的大小是有限的,镜面除了对光的反射作用外,镜面的边缘还起着光阑的作用。任何光束经过光阑时,都会引起衍射现象。因此光束在谐振腔内振荡时,就经过多次衍射,最终形成一个稳定的横向电磁场(光场)分布,这种分布并不一定是均匀的。对于方形反射镜而言,若以激光器的轴向为 z 轴,建立直角坐标系 xyz(三个轴呈右手螺旋关系),通常用符号 TEM_{mn} 来表示横向模式,m、n 均为正整数,分别表示在 x 轴和 y 轴方向上光强为零节线数目,称为横模序数。如图 2.12(a)所示的轴对称横模斑图。对于圆形反射镜来说,若以激光器的轴向为 z 轴,建立柱坐标系 θrz,通常也用符号 TEM_{mn} 来表示横向模式,m、n 均为正整数,分别表示在角向上光强为零的节线数目和径向上的光强为零的节圆数目,也称为横模序数。如图 2.12(b)所示的旋转对称横模斑图。我们可以看到,TEM_{00} 模是光斑中间没有光强为零的光斑;而 TEM_{10} 则表示在 θ 方向上有一个光强为零的光斑;TEM_{01} 则表示在 r 方向上有一个光强为零的节线(节圆)的光斑;以此类推,模式序数越大,光斑图形中光强为零的数目就越多。TEM_{00} 称为基模,其他的模式都称为高次模。

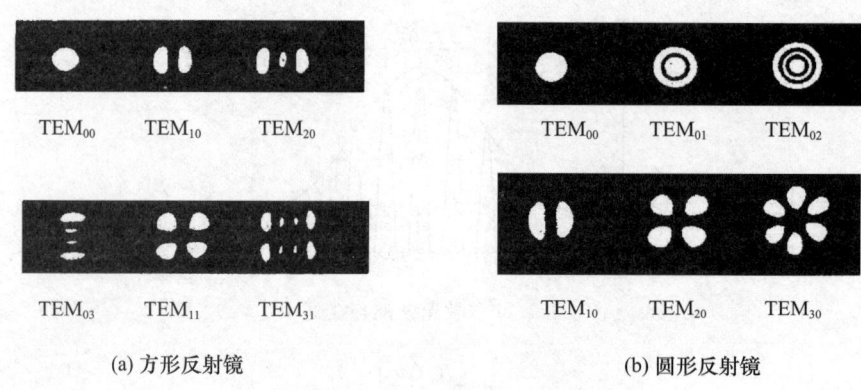

图 2.12 几种横模模式的光斑图

总之,任何一个激光模式,既是纵模,又是横模。它同时有两个名称,不过是对两个不同方向的观测结果分开称呼而已。一个模由三个量子数来表示,通常写作 TEM_{mnq},q 是纵模标记,m 和 n 是横模标记。

由前面已知,不同的纵模对应不同的频率。那么同一纵模序数内的不同横模又如何呢?同样,不同横模也对应不同的频率,横模序数越大,频率越高。通常我们也不需要求出横模频率,关心的是具有几个不同的横模及不同的横模间的频率差,经推导得

$$\Delta\nu_{\Delta m+\Delta n} = \frac{c}{2\mu L}\left\{\frac{1}{\pi}\arccos\left[\left(1-\frac{L}{R_1}\right)\left(1-\frac{L}{R_2}\right)\right]^{1/2}\right\} \tag{2.9}$$

其中,Δm、Δn 分别表示 $x(\theta)$、$y(r)$ 方向上横模模序数差,R_1、R_2 为谐振腔的两个反射镜的曲率半径。相邻横模频率间隔为

$$\Delta\nu_{\Delta m+\Delta n=1} = \Delta\nu_q\left\{\frac{1}{\pi}\arccos\left[\left(1-\frac{L}{R_1}\right)\left(1-\frac{L}{R_2}\right)\right]^{1/2}\right\} \tag{2.10}$$

由式(2.10)可知,相邻横模频率间隔与纵模频率间隔的比值是一个分数,其大小由激光器的腔长和曲率半径决定。腔长与曲率半径的比值越大,分数值越大。当腔长等于曲率半径时($L = R_1 = R_2$,即共焦腔),分数值达到极大,即相邻两个横模间隔是纵模间隔的1/2,横模序数相差为2的谱线频率正好与纵模序数相差为1的谱线频率简并。如图2.13所示,显示了常见的较低阶次的横模振荡分布。

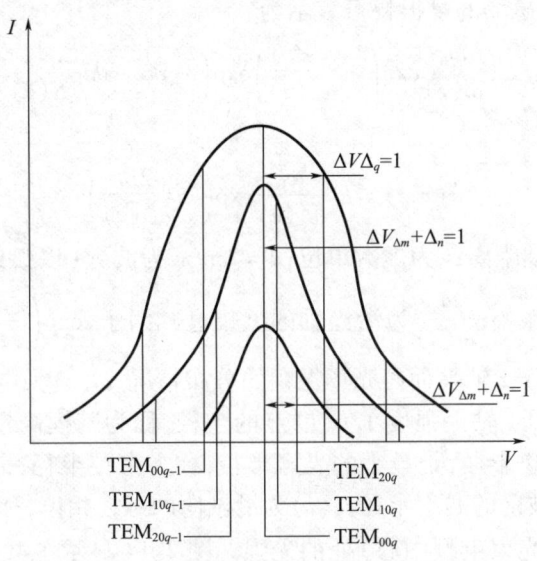

图 2.13　腔内高阶横模振荡分布示意图

对氦氖激光器而言,能产生的横模个数,除前述增益因素外,还与放电毛细管的粗细、内部损耗等因素有关。一般说来,放电管直径越大,可能出现的横模个数越多。横模序数越高,衍射损耗越大,形成振荡越困难。但激光器输出光中横模的强弱绝不能仅从衍射损耗一个因素考虑,而是由多种因素共同决定的,这是在模式分析实验中,辨认哪一个是高阶横模时易出错的地方。因此仅从光的强弱来判断横模阶数的高低,即认为光最强的谱线一定是基横模是不对的,而应根据高阶横模具有高频率来确定。

横模频率间隔的测量同纵模间隔一样,需借助展现的频谱图进行相关计算。但阶数 m 和 n 的数值仅从频谱图上是不能确定的,因为频谱图上只能看到有几个不同的 $(m+n)$ 值,及它们间的差值 $\Delta(m+n)$,然而不同的 m 或 n 可对应相同的 $(m+n)$ 值,相同的 $(m+n)$ 在频谱图上又处在相同的位置,因此要确定 m 和 n 各是多少,还需要结合激光输出的光斑图形加以分析才行。当我们对光斑进行观察时,看到的应是它全部横模的迭加图,即图2.12中一个或几个单一态图形的组合。当只有一个横模时,很易辨认;如果横模个数比较多,或基横模很强,掩盖了其他的横模,或某高阶模太弱,都会给分辨带来一定的难度。但由于我们有频谱图,知道了横模的个数及彼此强度上的大致关系,就可缩小考虑的范围,从而能准确地定位每个横模的 m 和 n 值。

2.2.6　激光高斯光束的基本性质

高斯光束(Gaussian beam)是横向电场以及辐射照度分布近似满足高斯函数的电磁波光束。许多激光都近似满足高斯光束的条件,在这种情况下,激光在谐振腔中以 TEM$_{00}$ 模传播。当它在反射镜处发生多次衍射后,基模高斯光束会变换成另一种高斯光束,这时若干参数会发生变化。

由于以 TEM_{00} 模传播的高斯光束,在空间的分布呈轴对称性,因此,通常以谐振腔中心为原点,轴线为 z 轴,建立柱坐标系来描述高斯光束电场振幅在空间的分布。描述高斯光束的数学函数是亥姆霍兹方程的一个近轴近似解(属于小角近似的一种)。这个解具有高斯函数的形式,电磁场的复振幅可表示为

$$\widetilde{E}(r,z) = E_0 \frac{\omega_0}{\omega(z)} \exp\left(-\frac{r^2}{\omega^2(z)}\right) \exp\left(-ikz - ik\frac{r^2}{2R(z)} + i\xi(z)\right) \quad (2.11)$$

对应的光强为

$$I(r,z) = I_0 \frac{\omega_0^2}{\omega^2(z)} \exp\left(-\frac{2r^2}{\omega^2(z)}\right) \quad (2.12)$$

式中:r 为场点距离光轴距离;i 为虚数单位;$k = 2\pi/\lambda$ 为波数(以弧度每米为单位);E_0 为谐振腔中心处的光场振幅;$\frac{\omega_0}{\omega(z)}$ 为沿光轴的振幅衰减因子,$\exp\left(-\frac{r^2}{\omega^2(z)}\right)$ 为光场振幅分布因子,描述 z 处垂直于 z 轴平面内光场振幅的分布情况,$\omega(z)$ 为电场振幅降到 z 轴上电场振幅的 $1/e$、强度降到 z 轴上强度 $1/e^2$ 的点的半径,称为基模高斯光束的光斑半径;ω_0 为 $z=0$ 处激光束的光斑半径,是最小的光斑半径,称为束腰半径;最后一项为相位因子,$R(z)$ 为坐标 z 处光波波前的曲率半径;$\xi(z)$ 为沿轴向的延迟相位,称 Gouy 相位。$I_0 = I(0,0) = |E_0|^2$ 为原点(即光束束腰中心)处的光强。图 2.14 显示了共焦腔激光器的高斯光束的场振幅变化情况。需要说明的是,尽管显示的是共焦腔的情况,其他非共焦腔可以等价为共焦腔处理。高斯光束的一系列波束参数对于描述光束性质具有重要意义,下面对波束参数及其物理含义作一说明。

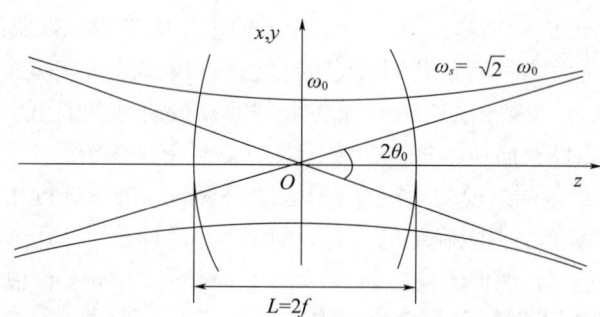

图 2.14 共焦腔基模高斯光束光场振幅分布

1)束腰半径

$$\omega_0 = \omega(0) = \sqrt{\frac{L\lambda}{2\pi}} \quad (2.13)$$

式中:λ 为光的波长。因此束腰半径由激光器的腔长和波长决定,腔长越长,束腰越大。

2)光斑半径

$$\omega(z) = \sqrt{\frac{L\lambda}{2\pi}\left(1 + \frac{z^2}{f^2}\right)} = \omega_0 \sqrt{1 + \left(\frac{z}{f}\right)^2} \quad (2.14)$$

其中，$f = \pi\omega_0^2/\lambda = L/2$，称为瑞利长度或共焦参数。

3）等相位面方程及其曲率半径

由于激光束很细，所以在近轴近似下 $\xi(z)$ 变化很小，由图 2.14 可以看出，在等相位面与 z 轴的交点 z_0 处和其他该等相位面上的点，$\xi(z)$ 可以认为是常量，那么，由式（2.11）可得等相位面方程为

$$z - z_0 = -\frac{r^2}{2R(z_0)} \tag{2.15}$$

可见，等相位面为旋转抛物面，在近轴条件下，旋转抛物面可以看作是球面，激光高斯束可以看作是球面波。其曲率半径为

$$R(z_0) = \left| z_0 + \frac{f^2}{z_0} \right| \tag{2.16}$$

当 $z_0 = 0$ 时，$R(z_0) \to \infty$，等相位面为平面；

当 $z_0 = f$ 时，$R(z_0) = 2f$，为最小值，等相位面与共焦腔反射镜重合；

当 $z_0 \to \infty$ 时，$R(z_0) \to \infty$，等相位面为平面；即在无穷远处高斯光束可认为是平面波。

4）瑞利长度

当 $|z| = f$ 时，$\omega(z) = \sqrt{2}\omega_0$。在 $z = \pm f$ 处，等相位面的曲率半径最小，但由于在 $[-f, f]$ 范围内，由图 2.14 可知，光束发散很小，因此，在此范围内一般认为高斯光束是平行于 z 轴的。把这段长度称为共焦腔的准直长度，称为瑞利长度。束腰半径 ω_0 越大，其准直距离（瑞利长度）越大，准直性越好。

5）高斯光束的远场发散角

由图 2.14 可知，当 $z_0 \to \infty$ 时，高斯光束光斑半径 $\omega(z)$ 随 z 变化，双曲线将趋于渐近线（直线），该直线与 z 轴的交角称为高斯光束的远场发散角 θ_0，即

$$\theta_0 = \lim_{z \to \infty} \frac{\omega(z)}{z} = \frac{\lambda}{\pi\omega_0} = \sqrt{\frac{2\lambda}{\pi L}} \tag{2.17}$$

因此，腔长越长，远场发散角 θ_0 越小，光束发散越小。

由以上参数可知，若知道了高斯光束的束腰半径 ω_0（或瑞利长度 f）和束腰位置 z_0，就可知道任意位置 z 处的光斑半径，反之，只要知道了任意位置处的光斑半径 $\omega(z)$ 和束腰位置 z_0，就可以知道高斯光束的束腰半径和瑞利长度（共焦参数）。但是，对于实际的激光器，往往不知道束腰的具体位置和束腰半径，尽管可以测出任意位置的光斑半径，也无法直接知道束腰的具体位置和束腰半径。要想知道这些参数，可以借助透镜进行束腰变换，进而确定这些参数。

2.2.7 高斯光束的束腰变换

1. 普通球面波的传输变换

普通球面波在空间传输时，通过自由空间时，其波前的中心不变，曲率半径增大；当球面波经过薄透镜后，在薄透镜两侧，光斑面积相同，波前中心满足透镜成像公式，薄透镜两侧球面波的曲率半径发生变化。

如图 2.15 所示，球面波沿 z 轴传播 L，其曲率半径的变化为

$$\begin{cases} R_1(z) = z \\ R_2(z) = R_1(z) + L \end{cases} \tag{2.18}$$

如图2.16所示,当球面波通过焦距为 F 的薄透镜时,在薄透镜两侧,光斑面积相同,波前中心满足透镜成像公式,因此其波前曲率半径满足(经过薄透镜后,球面波波前弯曲方向变向,因此 $R_2(z)$ 记为负值):

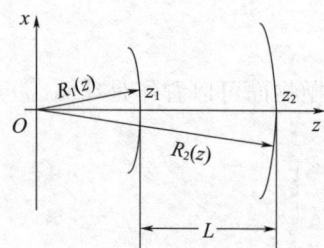
图2.15　经过 L 的自由空间波前的变化

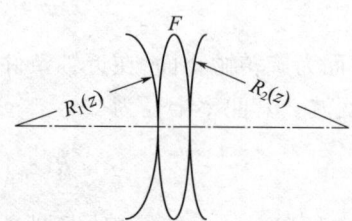
图2.16　经过焦距为 F 的薄透镜后波前的变化

$$\frac{1}{R_2(z)} = \frac{1}{R_1(z)} - \frac{1}{F} \tag{2.19}$$

即

$$R_2(z) = \frac{R_1}{-R_1/F + 1}$$

将上面两种情况的变换,与光线矩阵比较可得,球面波的传播规律为

$$R_2(z) = \frac{AR_1(z) + B}{CR_1(z) + D} \tag{2.20}$$

把四个参数按位置写为一个矩阵:

$$M = \begin{pmatrix} A & B \\ C & D \end{pmatrix} \tag{2.21}$$

矩阵 M 即为球面波传输的变换矩阵,不同的传输变换, A、B、C、D 的具体取值不同,这就是球面波传输变换的ABCD定律。

2. 高斯光束的传输变换

高斯光束在近轴部分可以看作一系列非均匀、曲率中心不断改变的球面波,也具有类似于普通球面波的曲率半径 R 的参数,定义复参数 q 为

$$\frac{1}{q(z)} = \frac{1}{R(z)} - i\frac{\lambda}{\pi\omega^2(z)} \tag{2.22}$$

其中, $R(z)$、$\omega(z)$ 如式(2.14)、式(2.16)所示。对式(2.22)进行整理可得:

$$q(z) = i\frac{\pi\omega_0^2}{\lambda} + z = q_0 + z \tag{2.23}$$

由复参数 q 的定义式(2.22)可知:

$$\frac{1}{R(z)} = \text{Re}\left(\frac{1}{q(z)}\right) \tag{2.24}$$

$$\frac{1}{\omega^2(z)} = -\frac{\pi}{\lambda}\text{Im}\left(\frac{1}{q(z)}\right) \tag{2.25}$$

因此,定义的复参数 q,可以同时描述高斯光束在任意位置处的波前曲率半径,又可以描

述高斯光束的光斑半径。

高斯光束在自由空间传输 L 距离时,其 q 参数的变化为

$$q_2(z) = q_1(z) + L \tag{2.26}$$

如图 2.17 所示,高斯光束经过焦距为 F 的薄透镜后,由薄透镜性质可知,在紧靠薄透镜的 M_1 和 M_2 两个面上的光斑大小和强度分布是一样的,即

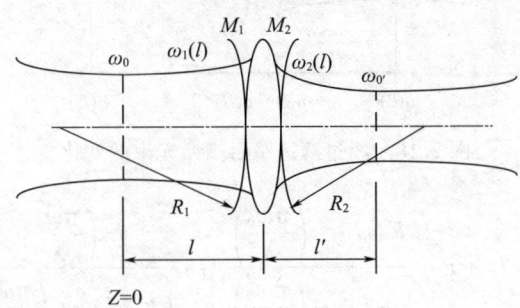

图 2.17 经过焦距为 F 的薄透镜后高斯光束的变化

$$\omega_1(l) = \omega_2(l) \tag{2.27}$$

可以证明,高斯光束经过薄透镜后,仍是高斯光束,根据式(2.14)、式(2.16)、式(2.19)可以得到:

$$\frac{1}{q_2(z)} = \frac{1}{q_1(z)} - \frac{1}{F} \tag{2.28}$$

比较式(2.18)和式(2.26)、式(2.19)和式(2.28),可以看出,无论是在对自由空间的传播或对通过光学系统的变换,高斯光束的 q 参数都起着和普通球面波的曲率半径 R 相同的作用,因此有时将 q 参数称作高斯光束的复曲率半径。高斯光束通过光学元件时,q 参数的变换规律可以用类似的 ABCD 矩阵表示出来。

高斯光束通过变换矩阵为 $\boldsymbol{M} = \begin{pmatrix} A & B \\ C & D \end{pmatrix}$ 的光学系统后,其复参数 q_2 变换为

$$q_2 = \frac{Aq_1 + B}{Cq_1 + D} \tag{2.29}$$

高斯光束经过薄透镜的变换矩阵为

$$\begin{pmatrix} A & B \\ C & D \end{pmatrix} = \begin{pmatrix} 1 & 0 \\ -\dfrac{1}{F} & 1 \end{pmatrix} \tag{2.30}$$

高斯光束经过自由空间 L 的变换矩阵为

$$\begin{pmatrix} A & B \\ C & D \end{pmatrix} = \begin{pmatrix} 1 & L \\ 0 & 1 \end{pmatrix} \tag{2.31}$$

对于如图 2.18 所示的高斯光束,若束腰距离薄透镜的距离为 l,经过透镜后传输距离为 l',薄透镜的焦距为 F,其光束的变换可分为三步:

$z = 0$ 处:$q(0) = q_0 = \mathrm{i}\pi\omega_0^2/\lambda$

在 A 面处:$q(A) = q_0 + l$

在 B 面处:$\dfrac{1}{q(B)} = \dfrac{1}{q(A)} - \dfrac{1}{F}$

在 C 面处：$q(C) = q(B) + l_C$，则可得：

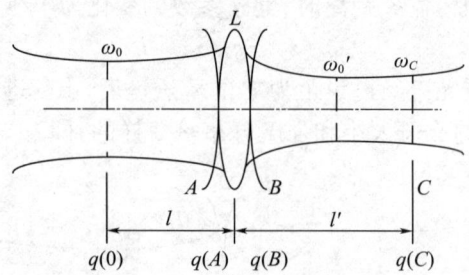

图 2.18 经过薄透镜后高斯光束的变化

$$q_C = l_C + F \frac{l(F-l) - \left(\frac{\pi\omega_0^2}{\lambda}\right)^2}{(F-l)^2 + \left(\frac{\pi\omega_0^2}{\lambda}\right)^2} + i \frac{F^2\left(\frac{\pi\omega_0^2}{\lambda}\right)}{(F-l)^2 + \left(\frac{\pi\omega_0^2}{\lambda}\right)^2} \tag{2.32}$$

若 $l_C = l$，也就是当 C 面取在像方束腰处，此时，$R_C \to \infty$，$\text{Re}\left(\frac{1}{q_C}\right) = 0$，由上式可得：

$$\begin{cases} l' = l_C = F + \dfrac{(l-F)F^2}{(l-F)^2 + (\pi\omega_0^2/\lambda)^2} \\ \dfrac{1}{\omega_0'^2} = -\dfrac{\pi}{\lambda}\text{Im}\left(\dfrac{1}{q_C}\right) = \dfrac{1}{\omega_0^2}\left(1 - \dfrac{l}{F}\right)^2 + \dfrac{1}{F^2}\left(\dfrac{\pi\omega_0}{\lambda}\right)^2 \end{cases} \tag{2.33}$$

若满足条件：$\left(\dfrac{\pi\omega_0^2}{\lambda}\right)^2 \ll (l-F)^2$，即 $L/2 \ll |l-F|$（L 为共焦激光器腔长），式（2.33）可近似为

$$\begin{cases} \dfrac{1}{l} + \dfrac{1}{l'} \approx \dfrac{1}{F} \\ \dfrac{\omega_0'}{\omega_0} \approx \dfrac{F}{l-F} = \dfrac{l'}{l} = k \end{cases} \tag{2.34}$$

这正是几何光学中的透镜成像公式和几何放大率公式。也就是说在 $L/2 \ll |l-F|$ 的条件下，可以用几何光学近似，通过透镜成像来进行激光高斯光束束腰大小和位置的测量。

2.3 实验项目

激光原理实验共设计 4 个实验项目，分别是：半外腔氦氖激光器的调节与输出功率测量；激光器纵模模式分析；激光偏振态的验证与横模模式观察；氦氖激光器发散角、激光扩束与高斯光束的束腰变换。实验内容涵盖了激光的产生、激光的纵向与横向模式特性、激光的偏振、高斯光束的特性和传输变换。希望通过这些实验，让大家对激光有一个深刻的理解。

实验 2.1 半外腔氦氖激光器的调节与输出功率测量

【实验目的】

1. 学会半外腔氦氖激光器谐振腔的调节，掌握调节方法。

2. 通过改变激光器腔长，测量不同腔长的输出功率，了解腔长对输出功率的影响。

【实验仪器】

光学导轨、半外腔激光管、激光电源、球面镜（3个）、光学底座（若干）、光功率计、光电探测器、反光十字叉丝板。

【实验内容】

1. 调节半外腔氦氖激光器，使其输出激光，并使激光功率达到最大。
2. 测量相同激光管相同后腔镜不同腔长的激光器的输出功率。
3. 测量相同激光管不同后腔镜相同腔长的激光器的输出功率。

【实验步骤与数据记录】

1. 将半外腔激光器固定在导轨上的支架上，并使激光器尽量与导轨表面平行。
2. 把曲率半径为 $R=0.5\text{m}$ 的后腔镜装入二维调节架并置于导轨上，调节其在导轨上的位置，使腔长 $L=300\text{mm}$。
3. 在靠激光器后腔镜位置安装反光十字叉丝板，并将有叉丝的一面正对后腔镜。
4. 将半外腔激光管的正负极（红黑分别为正负极）连接到电源后面板的插座上，打开电源，点亮激光管。
5. 调节叉丝板孔与激光管的毛细管中心在一条直线上。

调节方法：眼睛紧贴叉丝板并通过叉丝板小孔看向激光管，调整叉丝板位置（左右/上下），可以看到激光管的中心是一个"亮斑"，如图2.19所示。当眼睛适应放电管亮度后仔细观察，可看到亮斑中心还有一个"小亮点"，如果已经看到同心的小亮点，那可以上下左右微调十字叉板，使该"小亮点"调整到"亮斑"中心，即可以看到同心圆（如果眼睛适应力较弱，则不能看到亮斑中的小亮点，会一直感觉亮斑很亮，不能分辨小亮点，可以在叉丝板与后腔镜中间放置一个偏振片，使视场变暗，更容易分辨亮斑中的小亮点），此时，叉丝板孔与激光管的毛细管中心在一条直线上。（注意：这一步如果看不到，后面很难调出激光）

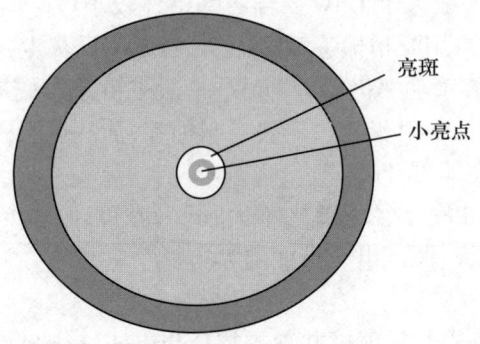

图 2.19　透过叉丝板小孔看到的示意图

6. 调节后腔镜轴线与激光器毛细管轴线共线，并使激光器输出激光。

调节方法：打开台灯照明十字叉丝板，使叉丝板上的十字像在后腔镜反射时更加明显。人眼通过小孔可以同时看到如图2.20所示的小亮点和十字叉丝像（如果使用偏振片辅助调节，调整后腔镜时需要将偏振片取走），调节后腔镜的二维俯仰旋钮，十字叉像会随之移动，直到十字叉像的中心与之前观察到的小亮点重合，理论上激光器即可出光。实际操作时,如果没有出光,必然之前某一步操作存在偏差,可以重新检查一遍,或者使十字叉在小亮点周围小范围来回移动扫描,直至出光,如图2.20所示,刚要出光会看到有"红色",看到红色之后就可以将眼睛从小孔处移走,进一步调整后腔镜让激光更亮一点。(后腔镜出光很弱,一般激光出光有1.5~2mW,后腔镜是全反镜,漏光约为0.01%,不会对眼睛造成伤害,但也不能长时间直视激光)

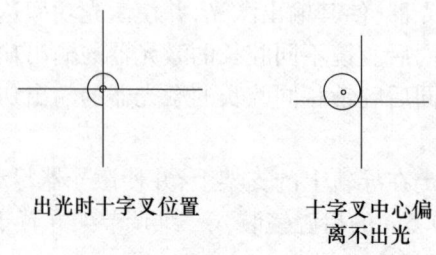

图2.20 十字与管芯亮点关系示意图

7. 将光电探测器放置于半外腔激光器出光口处,并把探测器与光功率计连接,打开光功率计电源监测输出功率。

8. 微调后腔镜二维俯仰旋钮,使输出功率最大并记入表2.1中。

9. 改变腔长和腔镜,重复前面步骤,把最大功率记入表2.1中并分析规律。

表2.1 激光器输出功率与腔长、外腔镜曲率半径的关系

功率监测:mW	腔长1:300mm	腔长2:400mm
曲率半径:$R=0.5$m		
曲率半径:$R=1.0$m		
曲率半径:$R=2.0$m		

注意:

1. 激光器输出功率一般大于1mW。若功率始终较小(小于1mW),观察后腔镜是否有灰尘,若有污渍灰尘则可用酒精棉签轻轻擦拭,若无明显灰尘,不建议擦拭。

2. 若无论如何调整腔镜功率仍低于1mW,一般来讲是布儒斯特窗有灰尘(由于激光放电管温度较高,窗片容易吸附灰尘),需要自制棉签,沾一点酒精,甩干后贴住窗片下端,轻轻上拉,一下即可,功率即可升高。

3. 功率输出在不同曲率半径下差别不大,同一腔镜,腔长变长,功率略微降低;曲率半径越大,腔型越接近平镜,调试出光难度越大。

【实验总结与思考】

总结调节激光器毛细管与反射镜共轴的技巧与方法,影响激光器输出功率的因素。

实验2.2 激光器纵模模式分析

【实验目的】

1. 学会通过共焦球面扫描干涉仪、示波器观察激光的纵模模式,并通过改变谐振腔获得不同纵模模式,理解激光纵模的产生机理。

2. 通过测量纵模间隔,理解激光器腔长对纵模的作用。

【实验仪器】

光学导轨、半外腔激光器、光学底座(若干)、共焦球面扫描干涉仪、共焦球面干涉仪控制器、光电探测器、示波器。

【实验内容】

1. 激光纵模的观察。
2. 测量相同激光管相同后腔镜不同腔长纵模间隔。

【实验步骤与数据记录】

1. 在实验 1 的基础上把激光器的腔长调节为 $L=300\text{mm}$;把共焦球面扫描干涉仪置于光学导轨上并使其处于激光器与光电探测器之间;把共焦球面干涉仪控制器锯齿波输出端口与共焦腔的端口相连;探测器电源与探测器相连;锯齿波监视与探测器输出分别连接示波器的 CH1 通道和 CH2 通道。

2. 打开共焦球面扫描干涉仪控制器和示波器电源,使示波器工作在 $y-t$ 模式下。调节锯齿波频率为 40Hz 左右(示波器 1 通道显示),锯齿波电压适中。

3. 调整共焦腔位置,让激光从共焦腔较小口进入,并在共焦腔后面放白屏,初始时可以在白屏上看到两个光点,进一步微调共焦腔的位置,直至两个光点合二为一(调好之后可以在共焦腔的入光口看到圆形返回光斑)。

4. 将光电探测器靠近共焦腔后端,并使合二为一的光点进入探测器,此时示波器上会出现一些尖峰,微调后腔镜的俯仰旋钮,边调边看,直到出现双纵模的波形,如图 2.21 所示;进一步微调探测器使看到的模式峰达到最高;调节偏置电压使纵模最高峰处于锯齿波下降沿合适位置;调节锯齿波频率至合适值(一般 20~50Hz),使在示波器上观察到的纵模大小合适。

5. 在示波器上测量出如图 2.21 所示的纵模模式图中的 ΔT、Δt,记入表 2.2 中。

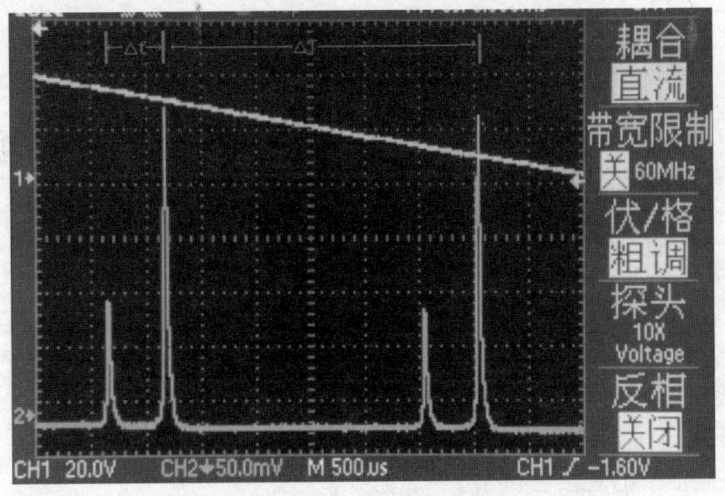

图 2.21 氦氖激光器的纵模模式图

6. 把激光器腔长调节为 $L=350\text{mm}$ 和 $L=400\text{mm}$,并分别调节出相应的纵模,测量出对应的 ΔT、Δt,记入表 2.2 中。

7. 根据式(2.9)计算纵模间隔,测量值与其进行比较,计算相对误差。

表 2.2 激光器输出功率与腔长、外腔镜曲率半径的关系

	理论计算		实验测量		
	L/mm	c/2L/kHz	ΔT/ms	Δt/ms	$\Delta v_q = 2.5(\Delta t/\Delta T)$/GHz
1	300				
2	350				
3	400				

注意:

1. 操作过程中禁止锯齿波端口空载,如果空载打开电源,长时间工作对电源有损坏,所以确认连接齐全之后再打开电源。

2. 如果将耳朵贴到共焦腔旁边可以听到"咯咯咯"的声音,说明共焦腔已经工作。如果调试之前不加一点电压和频率,直接将共焦腔放进光路,这时不会在共焦腔后面看到透光点。

3. 锯齿波电压加载在共焦腔压电陶瓷两端,其大小决定了共焦腔扫描干涉仪腔长的变化范围大小,腔长变化范围越大,获得纵模的组越多,控制锯齿波电压幅值使一个下降沿内有两组完整的纵模即可。

4. 计算过程需要寻找一个锯齿波下降沿对应相邻两组纵模,如果下降沿下超过 3 组纵模,可以适当降低锯齿波幅度,剩余 2 组即可。

5. 若示波器上看到的波形不是图 2.21 所示的形状,而是有很多小峰,那说明当前状态不是基横模,需要微调后腔镜的俯仰旋钮,边调边看,直到出现双纵模的波形。

6. 我们观察一组模式的两个峰,会发现两个峰总此消彼长,即为模式竞争。

【实验总结与思考】

总结调节本次实验中激光器可以最多产生几个纵模,影响纵模数量的因素有哪些,体会腔长对纵模间隔的影响。

实验 2.3 激光偏振态的验证与横模模式观察

【实验目的】

1. 学会利用偏振片检验激光的偏振态的方法,了解激光产生偏振光的原理。

2. 学会利用数据采集软件、光斑分析软件研究激光的横模模式,了解产生不同横模模式的原理。

【实验仪器】

光学导轨、半外腔激光器、光学底座(若干)、偏振片、光电探测器、白屏、电脑(安装有"Daheng MER – Series Viewer"数据采集软件、光斑分析软件)、相机。

【实验内容】

1. 激光偏振态的验证。

2. 激光不同横模的观察与调节。

【实验步骤与数据记录】

1. 在实验 1 的基础上,在半外腔氦氖激光器出光口后依次放置偏振片和功率计(或者白屏),调整偏振片高度使激光从其中心通过,并将通过偏振片的光束入射到功率计探头(或者白屏)上。

2. 旋转偏振片一周观察光强(光斑亮度)变化,记录最大光强和最小光强(使用功率

计),计算激光的偏振度。

3. 将光学导轨上的光功率计(白屏)换为相机,并把相机的 USB 数据线与电脑连接;在偏振片后再放置 1 个偏振片,调整相机底部一维平移装置,使入射的激光大概能打在相机靶面位置。

4. 打开电脑点击桌面上的"Daheng MER – Series Viewer"快捷方式进入相机采集界面,双击界面左方 usb2.0 interface 下面的"MER – 130 – 30um"并单击"采集"按钮,即可在采集区域看到图像如图 2.22 所示。

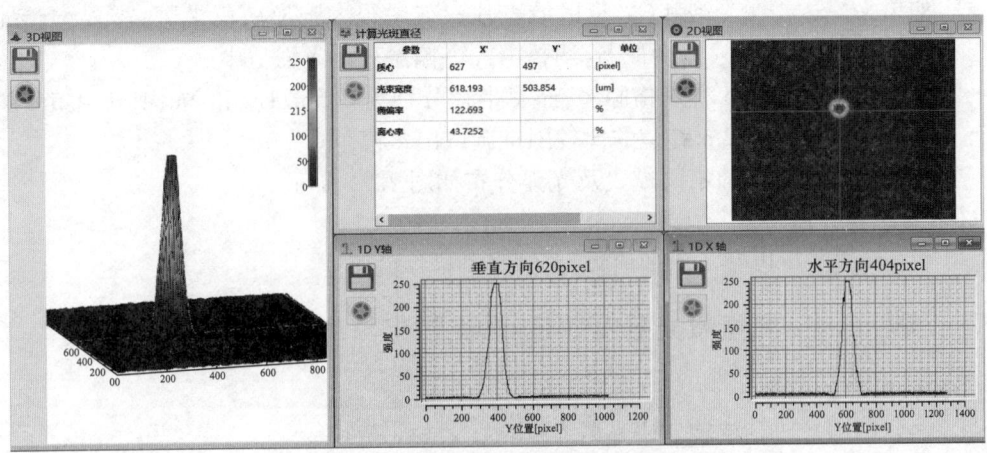

图 2.22　激光光斑的采集界面(TEM00 模)

5. 双击"光斑分析软件"使其运行后,单击"连续采集"按钮,调整相机到合适位置即可在采集区域观察到激光光斑(通常为 TEM_{00} 模),调节偏振片使光斑亮度适中,存储相应图像。

6. 观察到合适光斑后单击"连续采集"按钮使相机停止工作,单击"3D 图"按钮观察光强二维分布;单击"沿 X 轴分布"或者单击"沿 Y 轴分布"按钮观察相应的光强一维分布,存储相应图像。

7. 把氦氖激光器尾部有机玻璃罩去掉,微调后腔镜旋钮,观察 TEM_{01} 和 TEM_{10} 模;单击"3D 图"按钮观察光强的二维分布;单击"沿 X 轴分布"按钮或者"单击沿 Y 轴分布"按钮观察相应的光强一维分布,可获得如图 2.23 所示的图像,并存储相应图像。

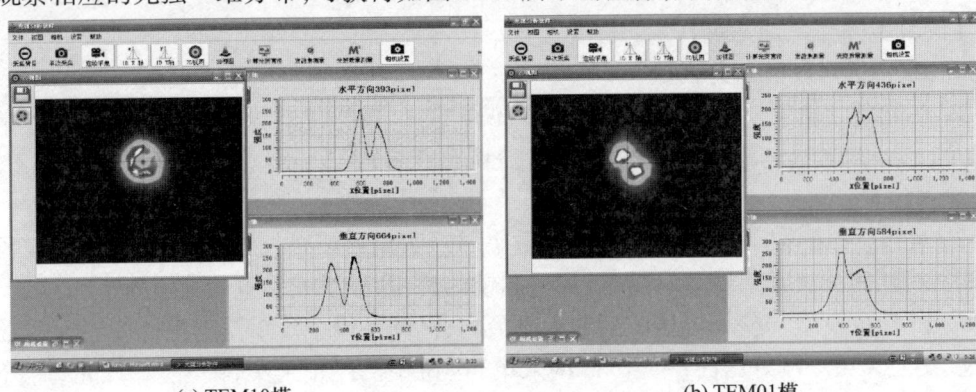

(a) TEM10 模　　　　　　　　　　　　(b) TEM01 模

图 2.23　激光的两种模式

注意：

1. 在观察激光偏振态实验中，如果看不到激光，可以先将偏振片取下以增大光强，由于偏振片靶面比较大，光斑如果不在偏振中心也不会影响后续操作。

2. 运行"光斑分析软件"后点击"连续采集"，若没有激光，相机正常工作时采集显示区域是一片蓝；若将相机在日光灯下晃一下，即可以看到采集区域有光强变化，若看不到光强变化说明相机采集程序没有正常安装。采集后可以点击"相机设置"，调整曝光时间为 2ms。

3. 如果采集过程激光饱和（采集区域一片白或者很大圆形白色光斑）需要调整偏振片衰减，通过第一个偏振片让光最弱，调整第二个偏振片让光强适中。

4. 激光器本身配置 3 种规格腔镜，曲率半径分别为 0.5m、1m 和 2m，其中 0.5m 的腔镜比较容易调试出多模，2m 腔镜的比较困难调试出多模。

5. 在采集区观察到的不同模式及光强分布如图 2.23 所示。

【实验总结与思考】

根据本次实验可以调节出的横模，总结影响横模的因素。

实验 2.4　氦氖激光器发散角、激光扩束与高斯光束的束腰变换

【实验目的】

1. 学会利用光斑分析软件研究激光远场发散角。
2. 学会利用透镜对激光进行扩束，并测量扩束比。
3. 通过束腰变换测量氦氖激光器的束腰位置、大小、瑞利长度，了解高斯光束特点。

【实验仪器】

光学导轨、半外腔激光器、光学底座（若干）、偏振片、光电探测器、凸透镜（$f=50mm$，$100m$，$150mm$，$200mm$）、电脑（安装有"Daheng MER – Series Viewer"数据采集软件、光斑分析软件）、相机。

【实验内容】

1. 测量激光的远场发散角。
2. 测量透镜的扩束比。
3. 测量高斯光束的束腰位置、大小、瑞利长度。

【实验步骤与数据记录】

一、激光远场发散角的测量

1. 在光学导轨上依次放置氦氖激光器、偏振片 1、偏振片 2、相机，且使相机尽量靠近偏振片；打开激光器电源使激光器发出激光，调整相机底部一维平移装置，使激光入射到相机靶面位置。

2. 运行"光斑分析软件"，单击"连续采集"按钮，调整相机位置，让光斑处于采集区域的中心位置，如果光斑有明显分瓣，微调后腔镜的旋钮，让激光尽量呈高斯分布。

3. 调节偏振片 1，使相机接收到的激光最弱，再调整偏振片 2 控制相机接收到的激光的强弱使光斑中心刚好露白；单击"连续采集"按钮相机停止采集，单击"计算光斑直径"按钮，可以获得当前光斑直径。

4. 用卷尺测量激光出光口到相机靶面位置（相机靶面位置是相机表面的机械连接

缝)的距离 Z,单击"发散角测量"按钮,再单击左上角"记录"按钮,输入 Z 值,系统会自动记录,同时显示区域会显示 X,Y 的坐标位置。

5. 把相机向后(或向前)移动一段距离,单击"连续采集"按钮并调节偏振片使光斑中心刚好饱和,再次单击"连续采集"按钮停止采集,重复步骤 4 获得第二个位置光斑大小;单击"计算"按钮即可得到激光发散角。

二、激光的扩束测量

1. 在偏振片和相机之间放置短焦透镜($f=50\text{mm}$)和长焦透镜($f=100\text{mm}$),调整透镜高低和左右位置使激光入射到透镜中心,然后调整短焦透镜和长焦透镜之间的距离为两个透镜焦距和。

2. 单击"连续采集"按钮,调整偏振片使光斑中间稍微有一点露白,调整相机位置使光斑最小,再次单击"连续采集"按钮停止采集,单击"计算光斑直径"按钮,并把结果记入表 2.3 中。

3. 取下长焦透镜,重复步骤 7 的调节测量短焦透镜前的光斑直径,把结果记录入并计算出扩束比。

4. 把 $f=100\text{mm}$ 的透镜换为 $f=150\text{mm}$、$f=200\text{mm}$ 的透镜,重复步骤 1、2,并在表 2.3 中记录数据。

三、高斯光束的束腰测量

1. 取下 $f=50\text{mm}$ 的短焦透镜,并把 $f=200\text{mm}$ 的透镜(变换透镜)放在氦氖激光器出光口 250~300mm 位置,调整透镜高低和左右位置使激光入射在透镜中心。

2. 单击"连续采集"按钮,并调整偏振片控制光斑强度(中间稍微露白),首先使相机靠近透镜,然后使其逐渐远离,在此过程中,光斑会先变小,后变大,找到光斑最小的大概位置,然后将相机往前挪 60mm。

3. 调整偏振片控制光斑强度(中间稍微露白),再次单击"连续采集"按钮,停止之后点击"光斑质量测量",单击"记录"按钮,并用卷尺测量激光出光口到相机的靶面位置的距离 Z,将值输入到相应位置,这样软件会记录下此位置的光斑参数。

4. 将相机向后移动 20mm,单击"连续采集"按钮并调整相机位置让光斑处于相机中心,同时调整偏振片使光斑中心稍微露白;单击"连续采集"按钮停止采集,然后输入 Z 值。

5. 重复操作,依次向后移动 20mm,记录至少 5 组数据,单击"计算"按钮;可以拟合出束腰位置图样,记录计算结果:束腰位置、大小和瑞利长度。

表 2.3 激光的扩束数据表

透镜组合	短焦透镜前光斑直径 $a/\mu\text{m}$	长焦透镜后的光斑直径 $b/\mu\text{m}$	扩束比 b/a
50mm 100mm			
50mm 150mm			
50mm 200mm			

注意:

1. 在激光远场发散角的测量中,软件采用线性拟合,因此采集过程至少选择两个位置记录数据,但为测量更精确,应选择 6 组以上的位置进行拟合。

2. 光斑分析软件运行后,数据记录和计算结果界面如图 2.24 所示。
3. 激光的扩束相当于把点光源变为面光源,图 2.25 为扩束原理示意图。
4. 计算过程中尽量停止采集,以免实时显示造成死机。
5. 束腰在激光腔内,没法直接测量,利用透镜成像将腔内的束腰变换到腔外进行测量,方便操作。所以,在得到透镜变换的束腰位置时,可以根据成像公式计算出实际束腰。

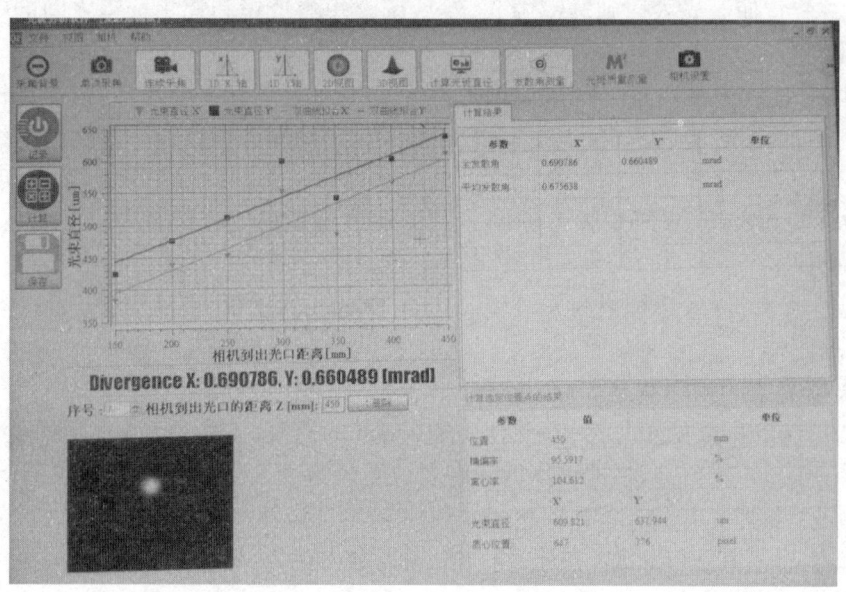

图 2.24 光斑发散角计算界面

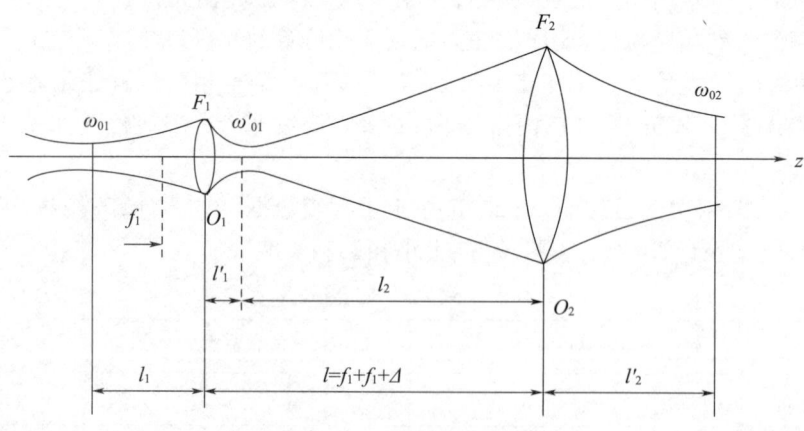

图 2.25 激光的扩束

【实验总结与思考】

1. 总结本实验中后腔镜曲率半径对发散角的影响。
2. 激光器腔长对束腰半径的影响,如何设计激光器才可以增大其准直距离。

附录 1

共焦球面扫描干涉仪结构与工作原理

共焦球面扫描干涉仪是一种分辨率很高的分光仪器,已成为激光技术中一种重要的测量设备。实验中用它将彼此频率差异甚小(几十至几百兆赫,用眼睛和一般光谱仪器不能分辨的)的所有纵模、横模展现成频谱图来进行观测。它在本实验中起着不可替代的重要作用。

如图 F1.1 所示共焦球面扫描干涉仪是一个无源谐振腔。由两块球形凹面反射镜构成共焦腔,即两块镜的曲率半径和腔长相等,$R_1 = R_2 = l$。反射镜镀有高反射膜。两块镜中的一块是固定不变的,另一块固定在可随外加电压而变化的压电陶瓷上。①为由低膨胀系数制成的间隔圈,用以保持两球形凹面反射镜总是处在共焦状态。②为压电陶瓷环,其特性是若在环的内外壁上加一定数值的电压,环的长度将随之发生变化,而且长度的变化量与外加电压的幅度成线性关系,这正是扫描干涉仪被用来扫描的基本条件。由于长度的变化量很小,仅为波长数量级,它不足以改变腔的共焦状态。但是当线性关系不好时,会给测量带来一定的误差。

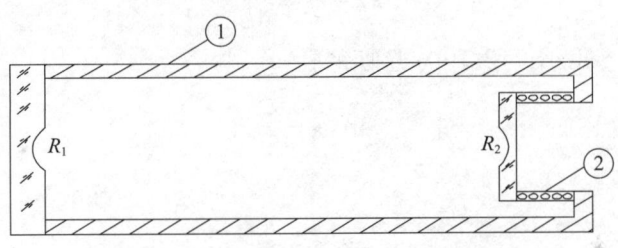

图 F1.1 共焦球面扫描干涉仪共焦腔示意图

扫描干涉仪有两个重要的性能参数,即自由光谱范围和精细常数经常要用到,以下分别对它们进行讨论。

1. 自由光谱范围

当一束激光以近光轴方向射入干涉仪后,在共焦腔中经四次反射呈 X 形路径,如图 F1.2 所示,光在腔内每走一个周期都会有部分光从镜面透射出去。如在 A、B 两点,形成一束束透射光 $1,2,3,\cdots$ 和 $1',2',3',\cdots$,这时我们在压电陶瓷上加一线性电压,当外加电压使腔长变化到某一长度 l_a,正好使相邻两次透射光束的光程差是入射光中模的波长为 λ_a 的这条谱线的整数倍时,即

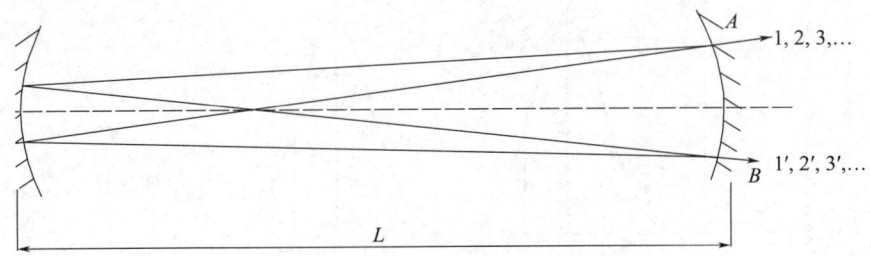

图 F1.2 激光在共焦腔内传播示意图

$$4l_a = k\lambda_a \quad \text{(F1.1)}$$

此时模 λ_a 将产生相干极大透射,而其他波长的模则相互抵消(k 为扫描干涉仪的干涉序数,是一个整数)。同理,外加电压又可使腔长变化到 l_b,使模 λ_b 符合谐振条件,极大透射,而 λ_a 等其他模又相互抵消。因此,透射极大的波长值和腔长值有一一对应关系。只要有一定幅度的电压来改变腔长,就可以使激光器全部不同波长(或频率)的纵模依次产生相干极大透过,形成扫描。但值得注意的是,若入射光波长范围超过某一限定时,外加电压虽可使腔长线性变化,但一个确定的腔长有可能使几个不同波长的模同时产生相干极大,造成重序。例如,当腔长变化到可使 λ_b 极大时,λ_a 会再次出现极大,有

$$4l_b = k\lambda_b = (k+1)\lambda_a \quad \text{(F1.2)}$$

即 k 序中的 λ_b 和 $k+1$ 序中的 λ_a 同时满足极大条件,两种不同的模被同时扫出,迭加在一起,因此扫描干涉仪本身存在一个不重序的波长范围限制。所谓自由光谱范围(S.R.)就是指扫描干涉仪所能扫出的不重序的最大波长差或频率差,用 $\Delta\lambda_{S.R.}$ 或者 $\Delta\nu_{S.R.}$ 表示。假如上例中 l_b 为刚刚重序的起点,则 $\lambda_b - \lambda_a$ 即为此干涉仪的自由光谱范围值。经推导,可得

$$\lambda_b - \lambda_a = \frac{\lambda_a^2}{4l} \quad \text{(F1.3)}$$

由于 λ_b 与 λ_a 间相差很小,可共用 λ 近似表示

$$\Delta\lambda_{S.R} = \frac{\lambda^2}{4l} \quad \text{(F1.4)}$$

用频率表示,即为

$$\Delta\nu_{S.R} = \frac{c}{4l} \quad \text{(F1.5)}$$

在模式分析实验中,由于我们不希望出现式(F1.2)中的重序现象,故选用扫描干涉仪时,必须首先知道它的 $\Delta\nu_{S.R.}$ 和待分析的激光器频率范围 $\Delta\nu$,并使 $\Delta\nu_{S.R.} > \Delta\nu$,才能保证在频谱面上不重序,即腔长和模的波长或频率间是一一对应关系。

自由光谱范围还可用腔长的变化量来描述,即腔长变化量为 $\lambda/4$ 时所对应的扫描范围。因为光在共焦腔内呈 X 型,四倍路程的光程差正好等于 λ,干涉序数改变1。另外,还可看出,当满足 $\Delta\nu_{S.R.} \geq \Delta\nu$ 条件后,如果外加电压足够大,可使腔长的变化量是 $\lambda/4$ 的 i 倍时,那么将会扫描出 i 个干涉序,激光器的所有模式将周期性地重复出现在干涉序 $k, k+1, \cdots, k+i$ 中,如图 F1.3 所示。

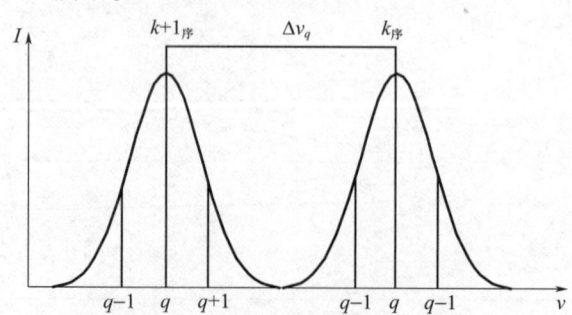

图 F1.3 重复扫描出的模式线示意图

2. 精细常数

精细常数 F 是用来表征扫描干涉仪分辨本领的参数。它的定义是：自由光谱范围与最小分辨率极限宽度之比，即在自由光谱范围内能分辨的最多的谱线数目。精细常数的理论公式为

$$F = \frac{\pi R}{1-R} \quad \text{(F1.6)}$$

式中：R 为凹面镜的反射率。从式(F1.6)看，F 只与镜片的反射率有关，实际上还与共焦腔的调整精度、镜片加工精度、干涉仪的入射和出射光孔的大小及使用时的准直精度等因素有关。因此精细常数的实际值应由实验来确定，根据精细常数的定义：

$$F = \frac{\Delta \lambda_{S.R.}}{\delta \lambda} \quad \text{(F1.7)}$$

显然，$\delta\lambda$ 就是干涉仪所能分辨出的最小波长差，我们用仪器的半宽度 $\Delta\lambda$ 代替，实验中就是一个模的半值宽度。从展开的频谱图中可以测出 F 值的大小。

参考文献

[1] 周炳琨,高以智,陈倜嵘,等. 激光原理[M]. 北京:国防工业出版社,2014.
[2] 赵凯华. 新概念物理教程·光学[M]. 北京:高等教育出版社,2004.
[3] 吕百达. 强激光的传输与控制[M]. 北京:国防工业出版社,1999.

第 3 章 光调制技术

在简要介绍连续波调制的调幅、调频、调相,以及脉冲波调制基本原理的基础上,着重分析了光的内调制与外调制技术,通过半波电压测量、波速测量、Verdet 常数测量等实验内容的学习,可以较为系统地了解光调制技术在通信等方面的实际应用。

3.1 引言

光通信是以光波为载波的通信方式,光波作为一种信息传递的载体,只起到了携带低频信息信号的作用。要进行通信首先要解决如何将信息信号加载到光波上。把信息信号加载到光波上的过程,称为光的调制,已调制的光称为调制光。由调制光还原出信息信号的过程称为光的解调。

历史发展潮流中的旗语、信号灯、望远镜、灯语等,它们的表现形式虽然不同,但都是将信号加载到光波中传播,由人眼来接收信号进行信息读取。

1880 年,美国电话发明家贝尔将弧光灯投射在话筒的音膜上,随声音的振动而得到强弱变化的反射光束,这个过程就是调制。以大气为传输介质,用硒晶体作为光接收器件,对接收到的光信号进行解调,还原出原始信号,是现代光通信的雏型。

从 1960 年科学家梅曼解决激光光源问题,到华裔科学家高锟提出光纤作为传输介质的可行性,再到 1970 年康宁制造出第一根低损耗的石英光纤,标志着光通信进入新篇章。从此以后,光纤和激光器的结合促使光通信技术从实验室跃入到光纤通信实用化阶段。

本章首先介绍连续波调制和脉冲波调制的基础知识,然后根据调制和光源之间的关系,着重介绍光的内调制和外调制的理论基础和实验探究,这对我们加深对光调制的理解和解决调制信号加载到光波实际应用等方面有着重要意义。

3.2 光调制技术基础知识

光调制根据分类标准的不同,可以分为不同的类型。依据光是连续光还是脉冲光,可以分为连续波调制、脉冲波调制。依据调制器的功能调制可分为幅度调制、频率调制、相位调制等。依据对光源自身还是光出射后对光进行调制,又分为光的内调制和外调制。采用哪一种形式主要取决于以下两点:应失真最小地有效携带或检测信息、有利于抑制噪声;系统易于实现。本节简单介绍连续波调制中的幅度调制、频率调制、相位调制,以及脉冲调制中的幅度、脉宽、脉位、频率调制。

3.2.1 连续波调制

对于连续波调制而言,光波是连续波,这里以简谐光波来说明连续波调制。设简谐光

波的表达式为

$$E(t) = E_c \cos(\omega_c t + \varphi_c) \tag{3.1}$$

式中：E_c 是光波的振幅；ω_c 是光波角频率；φ_c 是光波的初位相。对于稳定的连续光波而言，这三个参数都是常数。

信息信号代表了真实物理量的变化，通常用 $m(t)$ 表示。信息信号 $m(t)$ 是通过对载波信号的调制而使载波信号携带其进行传输，因此通常把信息信号称为调制信号。$m(t)$ 可以是连续的模拟信号，也可以是数字的脉冲信号。$m(t)$ 可以对光波的振幅 E_c、角频率 ω_c（频率 $v_c = \omega_c/(2\pi)$）、相位 φ_c 进行调制。下面具体说明调制的原理。

1. 振幅调制

振幅调制是指光载波的振幅随着调制信号的变化而变化，简称调幅(AM)。式(3.1)表示的简谐光波(载波)的振幅为 E_c 为恒值，在调制信号 $m(t)$ 的调制作用下，光波的振幅 E_c 不再是一个恒值，而是随时间变化的函数，对线性调幅而言，调制后的振幅可表示为

$$E_c(t) = E_c + k_a m(t) \tag{3.2}$$

式中：k_a 为比例系数，称为调制强度。若调制信号为

$$m(t) = E_m \cos(\omega_m t) \tag{3.3}$$

那么调制后的光信号可表示为

$$E(t) = E_c [1 + m_a \cos(\omega_m t)] \cos(\omega_c t + \varphi_c) \tag{3.4}$$

式中：$m_a = k_a \dfrac{E_m}{E_c}$ 称为幅度调制系数。

这样通过对光波振幅的调制，把调制信号加载到了光波中。通过傅里叶变换可以知，调制后光波中含有低频(ω_m)的调制信号。

2. 角度调制

使载波的相角受到调制信号的控制而变化的过程叫做角度调制，简称角调。角调过程中，载波的振幅始终保持不变，因此，角调波可以定义为具有恒定振幅 E_c 和瞬时相角 $\varphi(t)$ 的正弦波。对于式(3.1)表示的简谐光波而言，其相角为

$$\varphi(t) = \omega_c t + \varphi_c \tag{3.5}$$

不管是 ω_c 随调制信号变化，还是 φ_c 随调制信号变化，最终都使相角随调制信号而变化，因此统称为角度调制。角度调制又分为相位调制和频率调制。

1) 相位调制

如果总相角随调制信号线性变化，把这种调制称为相位调制，简称调相(PM)。因此，调相波的总相角可表示为

$$\varphi(t) = \omega_c t + \varphi_c + k_p m(t) \tag{3.6}$$

式中：k_p 为比例常数，称为调制常数，代表调相器的灵敏度；$k_p m(t)$ 称为瞬时相位偏移，其最大值为 $\Delta\theta_M = k_p m_{\max}$；调制波的频率为 $\omega = \omega_c + k_p \dfrac{dm(t)}{dt}$。若调制信号为式(3.3)描述的信号，那么调制光波的相位为

$$\varphi(t) = \omega_c t + \varphi_c + k_p E_m \cos(\omega_m t) \tag{3.7}$$

则调相波的表达式为

$$E(t) = E_c \cos[\omega_c t + \varphi_c + m_\varphi \cos(\omega_m t)] \tag{3.8}$$

式中：$m_\varphi = k_p E_m$，为调相指数。那么，瞬时相位偏移最大值为 $\Delta\theta_M = k_P E_m$；调制波的频率为 $\omega = \omega_c - k_P E_m \omega_m \sin(\omega_m t)$，可见调制波的频率以载波光频率 ω_c 为中心，随时间振荡，振荡频率正是调制信号的频率。

2）频率调制

频率调制是指光载波的频率随着调制信号的变化而变化，简称调频（FM）。式(3.1)表示的简谐光波（载波）的角频率 ω_c（频率 v_c）为恒值，在信号 $m(t)$ 的调制作用下，光波的角频率 ω_c（频率 v_c）不再是一个恒值，而是随调制信号 $m(t)$ 变化，调频波可写成如下一般形式：

$$E(t) = E_c \cos\left[\omega_c t + k_f \int_0^t m(\tau)\mathrm{d}\tau + \varphi_c\right] \tag{3.9}$$

式中：k_f 是调频系数，代表频率调制的灵敏度，$k_f \int_0^t m(\tau)\mathrm{d}\tau$ 为调频信号的瞬时相位偏移。下面考虑两种特殊情况：

（1）假设 $m(t)$ 为直流恒定信号，即 $m(t) = E_m$，式(3.9)可以写为

$$E(t) = E_c \cos(\omega_c t + k_f E_m t + \varphi_c) \tag{3.10}$$

式(3.10)表明直流信号调制后的载波仍为余弦波，但角频率偏移了 $k_f E_m$。

（2）假设 $m(t)$ 由式(3.3)描述，式(3.9)可以写为

$$E(t) = E_c \cos(\omega_c t + m_f \sin(\omega_m t + \varphi_c)) \tag{3.11}$$

式中：$m_f = \dfrac{k_f E_m}{\omega_m}$ 为调频指数，可以证明，已调信号包括载频分量 ω_c 和若干个边频分量 $\omega_c \pm n\omega_m$，边频分量的频率间隔为 ω_m。

任意信号可以分解为直流分量与若干余弦信号的叠加，式(3.10)和式(3.11)可以帮助理解一般情况下调频信号的特征。

综上可知，尽管 PM 和 FM 是角调波的不同形式，但并无根本区别。事实上，由于载波相位的任何变化都将引起载波频率的变化，因此，PM 和 FM 是不可分割的，只是二者频率和相位的变化规律不同。PM 中总相角随调制信号线性变化；FM 中总相角随调制信号的积分线性变化。

在前面我们提到，$m(t)$ 可以是连续的模拟信号，也可以是数字的脉冲信号。一般来说，数字调制与模拟调制的基本原理相同，但是数字信号有离散取值的特点。因此数字调制常利用数字信号的离散取值特点通过开关键控载波，从而实现数字调制。这种方法通常称为键控法，比如对连续载波的振幅、频率和相位进行键控，便可获得振幅键控（ASK）、频移键控（FSK）和相移键控（PSK）三种基本的数字调制方式。

3.2.2 脉冲波调制

脉冲波调制的载波为间歇的脉冲序列，已调波是随信号变化的一系列脉冲波形，有脉冲模拟调制和脉冲数字调制（常用脉冲编码调制）两种方式。

1. 脉冲模拟调制

我们知道，一个脉冲序列有 4 个参量：脉冲振幅、脉冲宽度、脉冲重复周期和脉冲相位（位置）。其中脉冲重复周期即采样周期，其值一般由采样定理决定，调制信号控制脉冲采样周期可以进行脉冲频率调制（PFM）。在脉冲序列周期固定时，只有其他三个

参量可以受调制。因此,可以将信号对脉冲序列进行振幅调制,这种调制称为脉冲振幅调制(PAM),还可以将脉冲振幅调制的振幅变化按比例地变换成脉冲宽度的变化,得到脉冲宽度调制(PDM),或者,变换成脉冲相位(位置)的变化,得到脉冲位置调制(PPM),如图 3.1 所示。这些种类的已调信号,虽然在时间上都是离散的,但是仍然是模拟调制,因为其代表信息的参量仍然是连续变化的,因此这些已调信号也属于模拟信号。

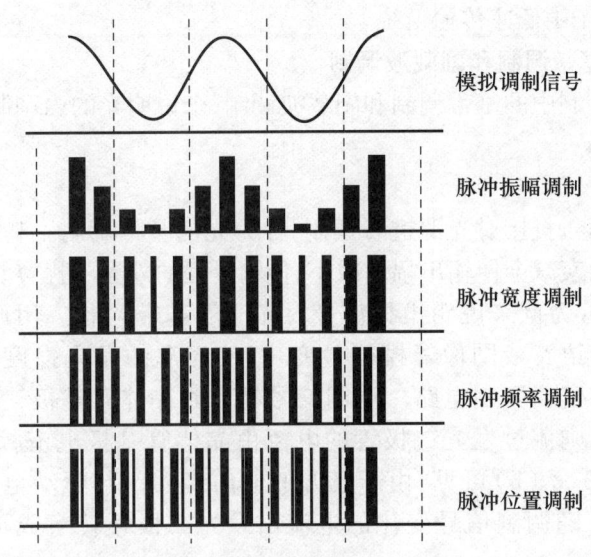

图 3.1 脉冲模拟调制的类型图

2. 脉冲编码调制

将模拟信号变换成二进制数字信号的过程称为脉冲编码调制(PCM),它是一种对模拟信号数字化的取样技术,模拟信号经过采样、量化、编码三个过程转换成数字信号。

(1)采样就是对模拟信号进行周期性扫描,把时间上连续的信号变成时间上离散的信号。模拟信号经过采样后应当保留原信号中所有的信息,也就是说能够无失真地恢复原模拟信号。采样速率的下限由采样定理确定,即采样频率等于或大于所传送信号最高频率的两倍,则在接收端经过低通滤波器以后,可以恢复出原来的模拟信号。

(2)量化就是把经过采样得到的瞬时值将其幅度离散,即用一组规定的电平把瞬时采样值用最接近的电平值表示。一个模拟信号经过采样量化后,得到已量化的脉冲幅度调制信号,它仅为有限个数值。量化分为均匀量化和非均匀量化,均匀量化的量化间隔相等,非均匀量化根据不同区间确定量化的间隔。通常,非均匀量化的实现方法是将采样值通过压缩后再进行均匀量化。

(3)编码就是用一组二进制码组表示每一个有固定电平的量化值。采用 n 位二进制编码就有 2^n 个码组,码位数越多,分级就越细,误差越小,量化噪声也越小。实际上,量化是在编码过程中同时完成,故编码过程也称为模拟/数字(A/D)变换。解码过程与编码过程相反。

脉冲编码技术于 20 世纪 40 年代已经在通信技术中采用了。由于当时是从信号调制的观点研究这种技术的,所以称为脉冲编码调制。目前它不仅用于通信领域,还广泛应用于计算机、遥控遥测、数字仪表等许多领域。

3.2.3 光的内调制

内调制又称直接调制,是用电信号直接调制光源的驱动电流,使输出的光信号随电信号变化。这种调制方案具有操作简单、成本低廉、容易实现等优点,是光通信中广泛采用的调制方式,一般用于中低速传输系统。

1. 内调制中的基带调制和副载波调制

下面分别就内调制中的基带调制和副载波调制,来说明光的内调制工作原理,并介绍相应的电路图。

1) 基带调制

由需要传输的信号直接对光源进行调制,称为光的基带调制。基带调制属于幅度调制,基带传输实验中,衰减会使输出幅度减小,传输过程的外界干扰容易使信号失真。

现以发光二极管为例来说明模拟信号对光源的基带调制。用调制信号直接控制光源的电流,使其随语音或图像等模拟量变化,使光源的发光强度随外加信号变化。图 3.2(a)是简单的模拟调制电路。调制信号耦合到晶体管基极,发光二极管和晶体管作共发射极连接,则流过发光二极管的电流由晶体管基极电流控制,R_1、R_2 提供直流偏置电流。由图 3.2(b)可见,由于光源的输出光功率与驱动电流是线性关系,在适当的直流偏置下,随调制信号变化的电流由发光二极管转换成了相应的光输出功率变化。

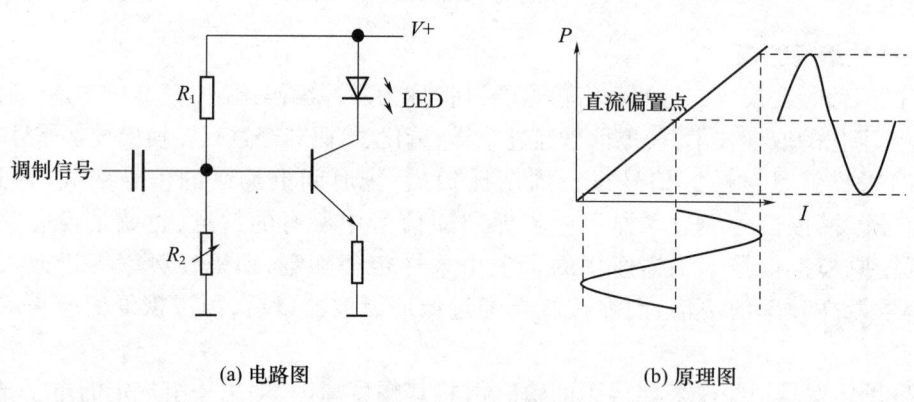

(a) 电路图　　　　　　　　　　(b) 原理图

图 3.2　模拟信号内调制

如果调制信号是"0""1"这种数字信号,采用发光二极管对二进制数字信号进行数字信号的基带调制与解调,则发送端将基带二进制信号调制为一系列的脉冲串信号,通过发射管发射信号。接收端将接收到的光脉冲转换成电信号,再经过放大、滤波等处理后送给解调电路进行解调,还原为二进制数字信号后输出。

一种简单的发光二极管数字信号调制电路如图 3.3 所示。它是只有一级共发射极的晶体管调制电路,晶体管用作饱和开关。晶体管的集电极电流就是注入电流。信号由 A 接入。"0"码时晶体管不导通;"1"码时晶体三极管导通,于是注入电流注入到发光二极管,使得二极管发光,从而实现了数字信号调制。

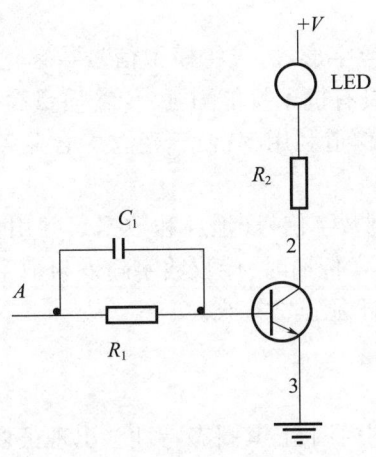

图 3.3　数字信号内调制电路

2）副载波调制

为充分发挥光纤通信容量大的优势,传输信号时常采用多路复用方式。复用是一种将若干个彼此独立的信号,合并为一个可在同一信道上同时传输复合信号的方法。按频率区分信号的方法叫频分复用,即把需要传输的信号用不同的载波频率调制,只要载波的频率间隔大于信号带宽,就能将它们合并在一起而不致相互影响,并能在接收端彼此分离开来。为区别光载波,把受模拟基带信号预调制的射频电载波称为副载波。对副载波的调制是实现多路复用的关键技术。对副载波的调制可采用调幅、调频等不同方法。调频具有抗干扰能力强、信号失真小的优点,本实验采用调频法。

例如:有线电视需要在同一根光纤上同时传输多路电视信号,此时可用 N 个基带信号对频率为 $f_1,f_2,\cdots,f_N$ 的 N 个副载波频率进行调制,将已调制的 N 个副载波合成一个频分复用信号,驱动发光二极管。在接收端,由光电二极管还原频分复用信号,再由带通滤波器分离出副载波,解调后得到需要的基带信号,如图 3.4 所示。

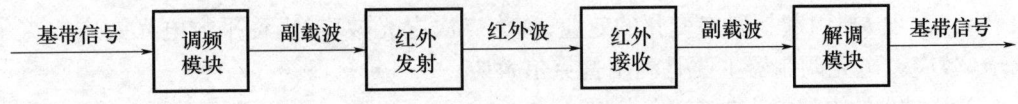

图 3.4　副载波调制传输框图

副载波传输常采用频率调制,解调电路的输出只与接收到的瞬时频率有关,可以观察到调频系统中,在一定的范围内,噪声叠加在信号幅度上,可以通过限幅削掉一部分噪声而不影响信息的检出。衰减对输出几乎无影响,表明调频方式抗外界干扰能力强,信号失真小。

2. 音频模拟信号与数字信号的内调制传输

1）音频模拟信号传输

红外通信所传送的信息是语音时,语音就可变成具有一定频率范围的音频信号。可以通过内调制的方法把该信号加载到光波上去,使光波的某一参数与信号变化有确定的关系,经调制后的光波可以传送到远方。在远方经光电接收系统接收后,再通过光电探测器把已调制的光信号转换成电信号,经过解调把原来的信息复原,重新获得语音。

2）数字信号传输

若需传输的信号本身是数字形式，或将模拟信号数字化（模数转换）后进行传输，称为数字信号传输。数字传输具有抗干扰能力强，传输质量高；易于进行加密和解密，保密性强；可以通过时分复用提高信道利用率；便于建立综合业务数字网等优点，是今后通信业务的发展方向。

可采用编码器发送二进制数字信号（地址和数据），并用数码管显示地址一致时所发送的数据。地址一致，信号正常传输时，接收数字随发射数字而改变；地址不一致或光信号不能正常传输时，数字信号不能正常接收。

3.2.4 光的外调制

由于在高速光通信中采用内调制，其瞬态特性会出现很多复杂的现象。因此，在高速光通信中需要采用外调制。外调制又称间接调制，是通过一些物质随输入信号出现电光效应、磁光效应和声光效应等物理特性的变化来实现的。

1. 电光调制

电光调制是利用晶体的电光效应，实现对光信号的相位、幅度、频率、强度等的调制。电光调制的速度快、结构简单，在激光调制技术领域有广泛的应用。

1）电光效应

电光效应是指当电场施加在传输光的介质上时引起折射率、吸收率（电吸收）和散射率等的变化。下面以折射率的变化为例来介绍电光调制，当晶体介质上施加电场之后，折射率是外电场的函数，用外电场幂级数表示其折射率为

$$n = n_0 + aE + bE^2 + \cdots \tag{3.12}$$

或写成折射率变化的形式：

$$\Delta n = n - n_0 = aE + bE^2 + \cdots \tag{3.13}$$

式中：a 和 b 为常数；n_0 为不加电场时晶体的折射率。由一次项 aE 引起折射率变化的效应称为一次电光效应，也称线性电光效应或普克尔（Pokells）效应，该效应是电光调制的基础。由二次项 bE^2 引起折射率变化的效应，称为二次电光效应，也称平方电光效应或克尔（Kerr）效应。电光调制器主要是利用普克尔效应。

2）铌酸锂晶体的电光效应

铌酸锂（$LiNbO_3$）晶体电光效应显著，因此作为电光晶体在电光调制中经常使用。由 1.2.5 小节关于晶体的双折射的电磁理论知道，对各向异性的晶体而言，在介电常数主轴坐标系中，其折射率满足折射率椭球方程式（1.56）。铌酸锂属于三角晶系，是一种单轴晶体，折射率椭球是旋转椭球，其折射率椭球方程可表示为

$$\frac{x^2 + y^2}{n_o^2} + \frac{z^2}{n_e^2} = 1 \tag{3.14}$$

式中：n_o 和 n_e 分别为晶体的寻常光和非常光的折射率，且 $n_o > n_e$。当晶体加上电场后，折射率椭球的形状、大小、方位都发生变化，椭球方程可表示为

$$a_1 x^2 + a_2 y^2 + a_3 z^2 + 2a_4 yz + 2a_5 xz + 2a_6 xy = 1 \tag{3.15}$$

式（3.15）中的系数 $a_1 \sim a_6$ 因晶体的不同和所加电场的不同而不同。对于线性电光效应而言，椭球系数相对于未加电场时的增量满足：

$$\Delta a_i = \sum_{j=1}^{3} \gamma_{ij} E_j \qquad (3.16)$$

式中：γ_{ij}为晶体的电光系数。铌酸锂晶体的电光系数为

$$\begin{pmatrix} 0 & -\gamma_{22} & \gamma_{13} \\ 0 & \gamma_{22} & \gamma_{13} \\ 0 & 0 & \gamma_{33} \\ 0 & \gamma_{51} & 0 \\ \gamma_{51} & 0 & 0 \\ -\gamma_{22} & 0 & 0 \end{pmatrix} \qquad (3.17)$$

其中，

$$\begin{cases} \gamma_{13} = 9.6 \times 10^{-12} \text{m/V} \\ \gamma_{22} = 6.8 \times 10^{-12} \text{m/V} \\ \gamma_{33} = 30.9 \times 10^{-12} \text{m/V} \\ \gamma_{51} = 32.6 \times 10^{-12} \text{m/V} \end{cases} \qquad (3.18)$$

将铌酸锂晶体的电光系数代入椭球方程：

$$\begin{cases} a_1 = \dfrac{1}{n_o^2} - \gamma_{22} E_y + \gamma_{13} E_z \\ a_2 = \dfrac{1}{n_o^2} + \gamma_{22} E_y + \gamma_{13} E_z \\ a_3 = \dfrac{1}{n_e^2} + \gamma_{33} E_z \\ a_4 = \gamma_{51} E_y \\ a_5 = \gamma_{51} E_x \\ a_6 = \gamma_{22} E_x \end{cases} \qquad (3.19)$$

铌酸锂晶体的折射率椭球变化为

$$\left(\dfrac{1}{n_o^2} - \gamma_{22} E_y + \gamma_{13} E_z\right) x^2 + \left(\dfrac{1}{n_o^2} + \gamma_{22} E_y + \gamma_{13} E_z\right) y^2 + \left(\dfrac{1}{n_e^2} + \gamma_{33} E_z\right) z^2 \\ + 2\gamma_{51} E_y yz + 2\gamma_{51} E_x xz - 2\gamma_{22} E_x xy = 1 \qquad (3.20)$$

以该折射率椭球方程为基础，可以较为透彻地研究铌酸锂晶体的电光效应。

3) 铌酸锂晶体横向电光效应

晶体的一次电光效应分为纵向电光效应和横向电光效应两种。纵向电光效应是加在晶体上的电场方向与光在晶体里传播的方向平行时产生的电光效应；横向电光效应是加在晶体上的电场方向与光在晶体里传播方向垂直时产生的电光效应。铌酸锂晶体常用它的横向电光效应。

当沿 x 轴方向加电场，光沿 z 轴方向传播时的横向电光效应，晶体由单轴晶变为双轴晶体，垂直于 z 轴方向的折射率椭球截面由圆变为椭圆，此时折射率椭球式(3.20)变为

$$\dfrac{1}{n_o^2} x^2 + \dfrac{1}{n_o^2} y^2 + \dfrac{1}{n_e^2} z^2 + 2\gamma_{51} E_x xz - 2\gamma_{22} E_x xy = 1 \qquad (3.21)$$

由于存在 xz、xy 交叉项,说明椭球分别绕 y 轴、z 轴旋转一定角度。

首先研究 xz 交叉项,考察绕 y 轴的旋转,假设绕 y 轴逆时针旋转了 β 角,则旋转前后的坐标变换为

$$\begin{cases} x = x'\cos\beta - z'\sin\beta \\ z = x'\sin\beta + z'\cos\beta \end{cases} \tag{3.22}$$

经过上述坐标变换之后椭球方程的系数发生了如表3.1所示变化,令 $a_4 = 0$ 可得:

$$\tan 2\beta = \frac{2\gamma_{51}E_x}{1/n_e^2 - 1/n_o^2} \tag{3.23}$$

表 3.1 xz 交叉项椭球系数

x'^2 的系数 a_1	$\dfrac{\cos^2\beta}{n_e^2} + \dfrac{\sin^2\beta}{n_o^2} + \gamma_{51}E_x\sin 2\beta$
y'^2 的系数 a_2	$\dfrac{1}{n_e^2}$
z'^2 的系数 a_3	$\dfrac{\sin^2\beta}{n_e^2} + \dfrac{\cos^2\beta}{n_o^2} - \gamma_{51}E_x\sin 2\beta$
$x'z'$ 的系数 a_4	$-\dfrac{\sin(2\beta)}{n_e^2} + \dfrac{\sin(2\beta)}{n_o^2} + 2\gamma_{51}E_x\cos 2\beta$
$x'y'$ 的系数 a_5	$-2\gamma_{22}E_x\cos\beta$
$y'z'$ 的系数 a_6	$2\gamma_{22}E_x\sin\beta$

由于 γ_{51} 很小,可知 β 也很小,可以忽略绕 y 轴的旋转,即可以忽略 xz 交叉项,只考虑椭球方程中的 xy 交叉项。设新的椭球(即忽略了 xz 交叉项后的椭球)绕 z 轴旋转角度为 φ,据此进行坐标变换:

$$\begin{cases} x = x'\cos\varphi - y'\sin\varphi \\ y = x'\sin\varphi + y'\cos\varphi \end{cases} \tag{3.24}$$

坐标变换后,各项系数如表3.2所示。

表 3.2 xy 交叉项椭球系数

x'^2 的系数 a_1	$\dfrac{1}{n_o^2} - \gamma_{22}E_x\sin 2\varphi$
y'^2 的系数 a_2	$\dfrac{1}{n_o^2} + \gamma_{22}E_x\sin 2\varphi$
z'^2 的系数 a_3	$\dfrac{1}{n_e^2}$
$x'y'$ 的系数 a_5	$-2\gamma_{22}E_x\cos 2\varphi$

令交叉项为0,可得: $\varphi = \pm 45°$,所以新的椭球方程为

$$\left(\frac{1}{n_o^2} - \gamma_{22}E_x\right)x'^2 + \left(\frac{1}{n_o^2} + \gamma_{22}E_x\right)y'^2 + \frac{1}{n_e^2}z'^2 = 1 \tag{3.25}$$

考虑到 $n_o^2\gamma_{22}E_x \ll 1$,利用泰勒级数展开,与之前的步骤类似,可得感生折射率为

$$\begin{cases} n_{x'} = n_{\mathrm{o}} + \dfrac{1}{2}\gamma_{22}E_x n_{\mathrm{o}}^3 \\ n_{y'} = n_{\mathrm{o}} - \dfrac{1}{2}\gamma_{22}E_x n_{\mathrm{o}}^3 \\ n_{z'} = n_{\mathrm{e}} \end{cases} \qquad (3.26)$$

新的椭球方程为

$$\frac{x'^2}{n_{x'}^2} + \frac{y'^2}{n_{y'}^2} + \frac{z'^2}{n_{z'}^2} = 1 \qquad (3.27)$$

4）铌酸锂晶体横向电光调制

利用纵向电光效应的调制，叫做纵向电光调制，利用横向电光效应的调制，叫做横向电光调制。图 3.5 是典型 $LiNbO_3$ 晶体横向电光效应激光振幅调制器的原理图，外加电场与光传播方向垂直。

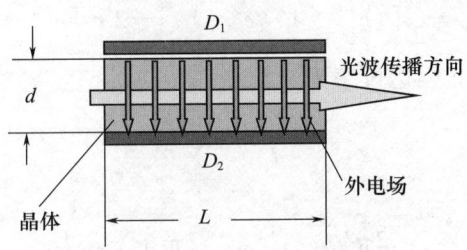

图 3.5　电光调制原理示意图

如图 3.6 所示，未受外电场作用时电光晶体的主轴坐标为 x、y、z 轴，在外加电场的作用下，折射率椭球发生偏转，其在新的主轴坐标系中的方程满足式(3.27)，新的主轴坐标为 x'、y'、z，称为晶体的感应轴。感应轴相对于原轴绕 z 轴旋转了 $45°$。如果起偏器与检偏器的透振方向分别平行于 x 轴和 y 轴，那么入射光经起偏器后变为振动方向平行于 x 轴的线偏振光。它在晶体的感应轴 x' 和 y' 轴上的投影的振幅和相位均相等，设其电场分量分别为

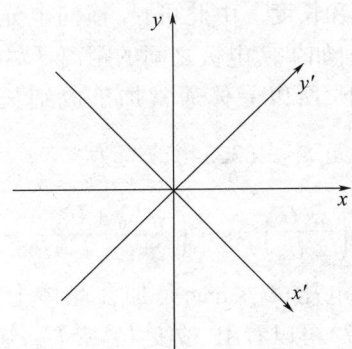

图 3.6　受电场作用前后的主轴坐标系

$$\begin{cases} E_{x'} = A\cos\omega t \\ E_{y'} = A\cos\omega t \end{cases} \qquad (3.28)$$

将位于晶体表面($z=0$)的光波可表示为

$$E_{x'}(0) = A$$
$$E_{y'}(0) = A \quad (3.29)$$

那么入射光的强度为

$$I_i = |E_{x'}(0)|^2 + |E_{y'}(0)|^2 = 2A^2 \quad (3.30)$$

当光通过长为 L 的电光晶体后，x' 和 y' 两分量之间就产生相位差 δ，即

$$\begin{cases} E_{x'}(L) = A \\ E_{y'}(L) = Ae^{i\delta} \end{cases} \quad (3.31)$$

通过检偏器出射的光，是该两分量在 y 轴上的投影之和

$$E_y(L) = \frac{A}{\sqrt{2}}(e^{i\delta} - 1) \quad (3.32)$$

其对应的输出光强 I_o 可写为

$$I_o = \frac{A^2}{2}[(e^{-i\delta} - 1)(e^{i\delta} - 1)] = 2A^2 \sin^2 \frac{\delta}{2} \quad (3.33)$$

由式(3.30)和式(3.33)，光强透过率为

$$T = \frac{I_o}{I_i} = \sin^2 \frac{\delta}{2} \quad (3.34)$$

由式(3.26)可得

$$\delta = \frac{2\pi}{\lambda}(n_{x'} - n_{y'})l = \frac{2\pi}{\lambda} n_o^3 \gamma_{22} U \frac{l}{d} \quad (3.35)$$

由此可见，δ 和加在晶体上的电压有关，当电压增加到某一值时，x'、y' 方向的偏振光经过晶体后可产生 $\lambda/2$ 的光程差，相应的相位差 $\delta = \pi$，由式(3.33)可知此时光强透过率 $T = 100\%$，这时加在晶体上的电压称作半波电压，通常用 U_π 表示。U_π 是描述晶体电光效应的重要参数。在实验中，这个电压越小越好，如果 U_π 小，需要的调制信号电压也小。根据半波电压值，我们可以估计出电光效应控制透过强度所需电压。由式(3.35)可得：

$$U_\pi = \frac{\lambda}{2n_o^3 \gamma_{22}} \frac{d}{l} \quad (3.36)$$

式中：d 和 l 分别为晶体的厚度和长度。由此可见，横向电光效应的半波电压与晶片的几何尺寸有关。由式(3.36)可知，如果使电极之间的距离 d 尽可能减小，而增加通光方向的长度 l，则可以使半波电压减小，所以晶体通常加工成细长的扁长方体。由式(3.35)、式(3.36)可得 $\delta = \pi \frac{U}{U_\pi}$。因此，可将式(3.34)改写为

$$T = \sin^2\left(\frac{\pi}{2} \frac{U}{U_\pi}\right) = \sin^2\left(\frac{\pi}{2} \frac{U_0 + U_m \sin(\omega_m t)}{U_\pi}\right) \quad (3.37)$$

式中：U_0 是加在晶体上的直流电压；$U_m \sin \omega t$ 是加在晶体上的交流调制信号；U_m 是其振幅；ω_m 是调制频率。由式(3.37)可以看出，改变 U_0 或 U_m，输出特性将相应变化。对单色光和确定的晶体来说，U_π 为常数，因而 T 将仅随晶体上所加的电压变化。下面讨论直流偏压对输出特性的影响。

(1)当 $U_0 = \frac{U_\pi}{2}$、$U_m \ll U_\pi$ 时，将工作点选定在线性工作区的中心处，如图3.7(a)所示，此时，可获得较高效率的线性调制，由式(3.37)可得：

$$T = \frac{1}{2}\left[1 + \sin\left(\pi \frac{U_m}{U_\pi}\sin(\omega_m t)\right)\right] \qquad (3.38)$$

由于 $U_m \ll U_\pi$，则 $T \approx \frac{1}{2}\left(1 + \pi \frac{U_m}{U_\pi}\sin\omega_m t\right)$，因此调制器输出的信号和调制信号虽然振幅不同，但是两者的频率却是相同的，输出信号不失真，我们称为线性调制。

(2) 当 $U_0 = 0$、$U_m \ll U_\pi$ 时，如图 3.7(b)所示，由式(3.37)可得：

$$T \approx \frac{1}{8}\left(\pi \frac{U_m}{U_\pi}\right)^2 (1 - \cos(2\omega_m t)) \qquad (3.39)$$

因此，输出信号的频率是调制信号频率的二倍，即产生"倍频"失真。由此可见，直流偏压 U_0 在 0V 附近变化时，由于工作点不在线性工作区，输出波形将失真。

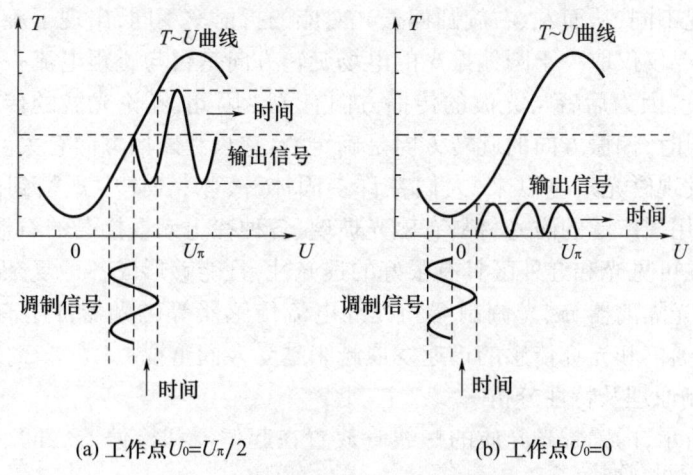

(a) 工作点 $U_0 = U_\pi/2$ (b) 工作点 $U_0 = 0$

图 3.7 透过光强随电压的变化光系

(3) 当 $U_0 = U_\pi$、$U_m \ll U_\pi$ 时，由式(3.38)可得：

$$T \approx 1 - \frac{1}{8}\left(\pi \frac{U_m}{U_\pi}\right)^2 [1 - \cos(2\omega_m t)] \qquad (3.40)$$

因此输出信号仍是"倍频"失真的信号。由此可见，直流偏压 U_0 在 U_π 附近变化时，由于工作点不在线性工作区，输出波形将失真。

(4) 当 $U_0 = U_\pi/2$、$U_m > U_\pi$ 时，调制器的工作点虽然选定在线性工作区的中心，但不满足小信号调制的要求，式(3.38)不能写成 $T \propto \sin\omega_m t$ 的形式。因此，工作点虽然选定在了线性区，输出波形仍然是失真的。

2. 磁光调制

磁光调制是将电信号转换成与之对应的交变磁场，由磁光效应改变在介质中传输的光波的偏振态，从而达到改变光强等参数的目的。

1) 磁致旋光效应

磁光效应是指光与磁场中的物质，或光与具有自发磁化强度的物质之间相互作用所产生的各种现象，主要包括法拉第(Faraday)效应、塞曼(Zeeman)效应、科顿－穆顿(Cotton－Mouton)效应、磁光克尔(Kerr)效应等，到目前为止，研究最多应用最广的是法拉第效应，其次是塞曼效应。

法拉第于1845年发现磁场可以使某些非旋光物质具有旋光性,称为磁致旋光效应,又称法拉第效应。当线偏振光在介质中沿磁场方向传播距离l后,振动方向旋转的角度α_m为

$$\alpha_m = VlB \tag{3.41}$$

式中:B是磁感应强度;V是费尔德(Verdet)常数,表征物质的旋光特性,即表征该物质在磁场中偏振面旋转的本领,它与传输光的波长、旋光介质的性质及温度等因素有关。

法拉第效应产生的旋光与自然旋光物质产生的旋光有一个重大区别。自然旋光物质有确定的右旋或左旋性质,当光波沿某一方向传播通过物质时,若振动方向由α_1方向变为α_2方向,则当光波反向通过同一物质时,α_2方向的振动将恢复到α_1方向。磁致旋光的情况则不同,产生法拉第效应的原因是,外磁场使物质分子的磁矩定向排列,出现了定向旋转的磁矩电流,可以设想,顺着磁矩电流方向旋转的光波电场和逆向旋转的光波电场与物质的作用情况不同,从而左、右旋圆偏振光对应的折射率不同,出现了旋光,然而应该注意,上述作用情况仅仅取决于圆偏振光的电场旋转方向是否与磁矩电流一致,而不取决于它是左旋或右旋,因为后者与光波的传播方向有关。因此,不论光波的传播方向如何,通过磁致旋光介质时,偏振方向的旋转方向是确定的,它只和磁场方向有关。

自法拉第发现磁光效应以来,人们在许多固体、液体、气体中观察到磁致旋光现象。到目前为止,应用最广泛的磁光材料有磁光玻璃、各种稀土元素掺杂的石榴石等材料。

磁光玻璃在可见光和红外区具有很好的透光性,且能够形成各种复杂的形状、拉制成光纤,因而在磁光隔离器、磁光调制器和光纤电流传感器等磁光器件中有广泛的应用前景,并随着光纤通信和光纤传感的迅速发展越来越受人们重视。

2)磁光调制原理及特性分析

如图3.8所示,内置磁光介质的螺线管放置在起偏器和检偏器之间,通以交变电流,就构成一个磁光调制器。

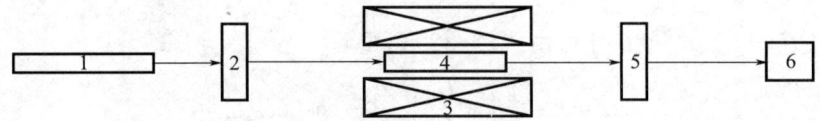

图3.8 磁光调制光路图

1—激光器;2—起偏器;3—螺线管;4—磁光介质;5—检偏器;6—接收屏。

设由交变电流产生的交变磁感强度B引起的法拉第旋转为α_m,检偏器与起偏器偏振方向的夹角为α,输入光强为I_{in},由马吕斯定律可知系统的输出光强为

$$I_{out} = I_{in}\cos^2(\alpha_m + \alpha) \tag{3.42}$$

由正弦交变电流引起的交变法拉第旋转α_m为

$$\alpha_m = \alpha_{m0}\cos\omega_m t \tag{3.43}$$

式中:α_{m0}为α_m的幅度,称为幅度调制。

当α一定时,输出光强I_{out}随B而变化,这就是磁光调制。磁光调制的基本特性是:

(1)当$\alpha = 45°$时,$I_{out} = \dfrac{I_{in}}{2}(1 - \sin 2\alpha_m)$,当$\alpha_{m0}$为小角度时,有

$$I_{out} \approx \dfrac{I_{in}}{2}(1 - 2\alpha_m) = \dfrac{I_{in}}{2}(1 - 2\alpha_{m0}\cos\omega_m t) \tag{3.44}$$

此时输出信号频率等于调制频率,磁光调制幅度最大。

(2) 当 $\alpha = 0°$ 时,$I_{\text{out}} = I_{\text{in}}(1 - \sin^2\alpha_m)$,当 α_{m0} 为小角度时,有

$$I_{\text{out}} \approx I_{\text{in}}(1 - \alpha_m^2) = \frac{I_{\text{in}}}{2}[1 - \alpha_{m0}^2(1 + \cos2\omega_m t)] \qquad (3.45)$$

即起偏器和检偏器平行时,输出信号的频率是调制信号频率的 2 倍。

(3) 当 $\alpha = 90°$ 时,$I_{\text{out}} = I_{\text{in}}\sin^2\alpha_m$,当 α_{m0} 为小角度时,有

$$I_{\text{out}} \approx I_{\text{in}}\alpha_m^2 = \frac{I_{\text{in}}\alpha_{m0}^2}{2}(1 - \cos2\omega_m t) \qquad (3.46)$$

即两偏振器正交时,输出信号的频率是输入调制信号频率的 2 倍。

因此,可以通过检测倍频信号,确定系统消光或光强最大的位置。为更好地研究磁光调制,可以利用输出信号与调制信号合成的李萨如图形对输出信号进行分析。利用该方法对输出信号的相位、幅度等特性分析,具有直观、方便的特点,同时在确定消光和光强最大位置时,李萨如图形法更准确。

3. 声光调制

声光调制是将声信号加在光学介质中,由声光效应改变介质的光学性质,从而使透过光束的光强、频率等参数按照一定规律被调制。

1) 声光效应

通常情况下,均匀的、稳定的光学介质在不受任何外力时,其光学性质是稳定的。若对该介质施加外力,介质会在外力作用下发生应变,相应的光学性质也会发生变化。这个变化主要体现在介质折射率的改变,且折射率的改变与弹性应力有关,这一现象称为弹光效应。超声波作为一种机械波(纵向应力波),当其在光学介质中传播时,可引起介质中的质点沿声波传播方向振动,产生密度的周期性变化,从而导致介质的折射率发生变化,此时若有光束通过,就会产生衍射现象,这就是声光效应。

声光效应分为正常声光效应和反常声光效应。在各项同性介质中,声光相互作用不导致入射光偏振状态的变化,产生正常声光效应。在各项异性介质中,声光相互作用可能导致入射光偏振状态的变化,产生反常声光效应。反常声光效应是制造高性能声光偏转器和可调滤波器的基础。在非线性光学中,利用参量相互作用理论,可建立起声光相互作用的统一理论,并且运用动量匹配和失配等概念对正常和反常声光效应作出解释。本书只讨论在正常声光效应作用下的声光调制。

正常声光效应也可用光栅假设作出解释。当声波加在光学介质上时,声波的周期性将导致介质折射率的周期性变化,产生类似光栅的光学结构,光通过时就会发生衍射现象,从而引起光的强度、频率等随声场发生变化。

2) 拉曼-奈斯衍射和布拉格衍射

按照超声波频率和声光相互作用长度的不同,由声光效应产生的衍射会出现两种不同的情况,分别是拉曼-奈斯衍射和布拉格衍射。衡量这两类衍射的参量为

$$Q = 2\pi L \frac{\lambda}{\lambda_s^2} \qquad (3.47)$$

式中:L 为声光作用长度,λ 为光的波长,λ_s 为超声波波长。我们将 $Q < \pi$ 时的衍射现象称为拉曼-奈斯衍射,将 $Q > 4\pi$ 时的衍射现象称为布拉格衍射。而对于 $\pi \leqslant Q \leqslant 4\pi$ 时的衍

射效应较为复杂,通常声光器件不在此区间工作,故不作讨论。

当声光作用的距离满足 $L < \lambda_s^2/2\lambda$,则各级衍射极大的方位角 θ_m 为

$$\sin\theta_m = \sin i + m\frac{\lambda_0}{\lambda_s} \tag{3.48}$$

式中:i 为入射光波矢 k 与超声波波面的夹角。若入射光波矢与超声波波矢互相垂直,则衍射方位角满足

$$\sin\theta_m = m\frac{\lambda_0}{\lambda_s} \tag{3.49}$$

与一般光栅方程类似,表明此时有超声波存在的介质起一平面光栅的作用,如图 3.9 所示,此时式(3.49)可以写为

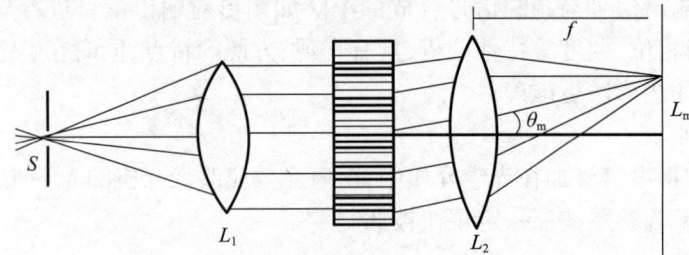

图 3.9 拉曼-奈斯衍射图

$$\frac{L_m}{f} = m\frac{\lambda_0}{\lambda_s} \tag{3.50}$$

式中:L_m 为衍射零级光谱线至第 m 级光谱线的距离;f 为透镜 L_2 的焦距。常用的 PZT 压电陶瓷片可提供约 10MHz 的高频声信号,因此在液体介质中超声波波长在 10^{-4}m 量级,而可见光波长为 10^{-7}m 量级,声光作用的长度为 10^{-2}m 量级。所以液体介质的声光作用多为拉曼-奈斯衍射类型。

当声光作用的距离满足 $L > 2\lambda_s^2/\lambda$,而且光束相对于超声波波面以某一角度斜入射时,在理想情况下除了 0 级之外,只出现 +1 级或 -1 级衍射,如图 3.10 所示。这种衍射与晶体对 X 光的衍射很类似,故称为布拉格衍射,能产生这种衍射的光束入射角称为布拉格角。

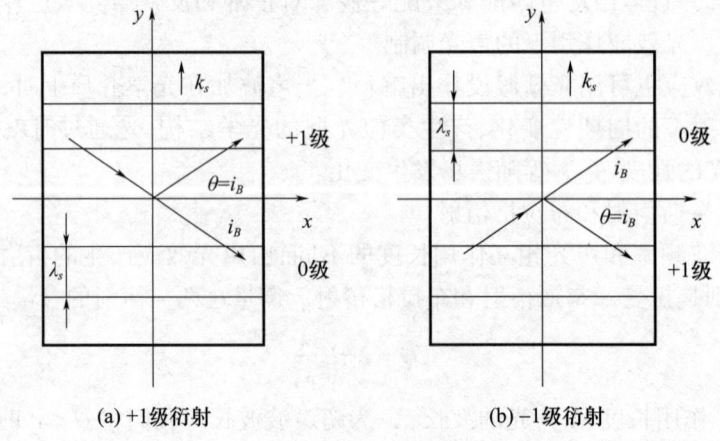

(a) +1级衍射 (b) -1级衍射

图 3.10 布拉格衍射图

此时有超声波存在的介质起到光栅的作用。可以证明，布拉格角满足

$$\sin i_B = \frac{\lambda}{2\lambda_s} \tag{3.51}$$

式(3.51)称为布拉格条件。因为布拉格角一般都很小，故衍射光相对于入射光的偏转角

$$\Phi = 2i_B \approx \frac{\lambda}{\lambda_s} = \frac{\lambda_0}{nv_s}f_s \tag{3.52}$$

式中：v_s 为超声波的波速；f_s 为超声波的频率；其他量的意义同前。在布拉格衍射条件下，一级衍射光的效率为

$$\eta = \sin^2\left(\frac{\pi}{\lambda_0}\sqrt{\frac{MLP_s}{2H}}\right) \tag{3.53}$$

式中：P_s 为超声波功率；L 和 H 为超声换能器的长和宽；M 为反映声光介质本身声光特性常数，是衡量晶体在发生声光相互作用时声光衍射性能好坏的参数。

$$M = n^6 P^2 / (\rho v_s^3) \tag{3.54}$$

式中：ρ、n、P 分别为介质的质量密度、平均折射率、有效光弹性系数。在布拉格衍射下，衍射光的效率也由式(3.54)决定。理论上布拉格衍射的衍射效率可达 100%，拉曼－奈斯衍射中一级衍射光的最大衍射效率仅为 34%，所以声光器件一般都采用布拉格衍射。

2) 行波声场中的声光调制

声波在介质中传播可以分为行波和驻波两种形式，光在两种声场中会出现不完全相同的调制。当超声行波在图 3.11 所示光学介质中沿 y 轴正方向传播时，介质中产生的弹性应变也将以行波形式随超声波一起传播。可以写成

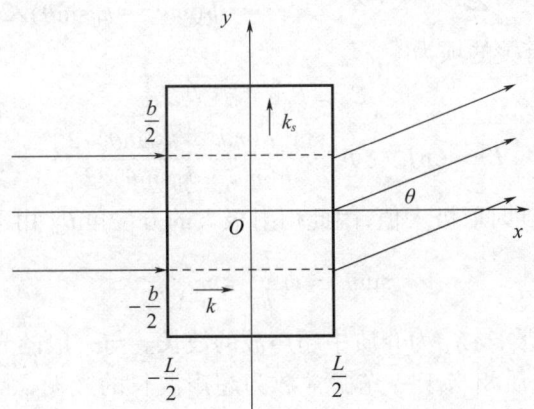

图 3.11 声光衍射图

$$S = S_0\sin(\omega_s t - k_s y) \tag{3.55}$$

式中：S 为应变；ω_s 是超声波的角频率；k_s 为超声波波矢。当应变较小时，介质折射率作为 y 和 t 的函数可写作

$$n(y,t) = n_0 + \Delta n\sin(\omega_s t - k_s y) \tag{3.56}$$

式中：n_0 为无超声波时介质的折射率；Δn 为声致折射率变化的幅值。宽度为 b 的光束沿 x 轴正方向射入声光介质，其角频率为 ω，在介质中的波长为 λ，波矢为 k。当光束垂直入射（$k \perp k_s$）并通过，光在介质入射面与出射面处的相位差为

$$\begin{aligned}\Delta\Phi &= k_0 n(y,t)L \\ &= k_0 n_0 L + k_0 \Delta n L \sin(\omega_s t - k_s y) \\ &= \Delta\Phi_0 + \delta\Phi\sin(\omega_s t - k_s y)\end{aligned} \qquad (3.57)$$

式中：k_0 为入射光在真空中的波矢的大小；$\Delta\Phi_0$ 为不存在超声波时光在介质入射面与出射面处的相位差，第二项为超声波引起的附加相位差（相位调制），$\delta\Phi = k_0\Delta nL$。可见，当平面光波入射在介质的前界面上时，超声波使出射光波的波振面变为周期变化的皱褶波面，从而改变出射光的传播特性，使光产生衍射。

设入射面上 $x = -b/2$ 的光振动为 $E = Ae^{i\omega t}$，A 为一常数。考虑到在出射面 $x = b/2$ 上各点相位的改变和调制，在 xy 平面内离出射面很远一点的衍射光叠加结果为

$$E \propto A\int_{-\frac{b}{2}}^{\frac{b}{2}} e^{i[(\omega t - k_0 n(y,t)L - k_0 y\sin\theta)]} dy \qquad (3.58)$$

写成等式：

$$E = Ce^{i\omega t}\int_{-\frac{b}{2}}^{\frac{b}{2}} e^{i\delta\Phi\sin(k_s y - \omega_s t)} e^{-ik_0 y\sin\theta} dy \qquad (3.59)$$

式中：b 为光束宽度；θ 为衍射角；C 为与 A 有关的常数，为了简单可取为实数。利用与贝塞尔函数有关的恒等式

$$e^{ia\sin\theta} = \sum_{m=-\infty}^{\infty} J_m(a) e^{im\theta} \qquad (3.60)$$

式中：$J_m(a)$ 为（第一类）m 阶贝塞尔函数。将式（3.59）展开并积分得

$$E = Cb\sum_{m=-\infty}^{\infty} J_m(\delta\Phi) e^{i(\omega - m\omega_s)t} \frac{\sin[b(mk_s - k_0\sin\theta)/2]}{b(mk_s - k_0\sin\theta)/2} \qquad (3.61)$$

上式中与第 m 级衍射有关的项为

$$E_m = E_0 e^{i(\omega - m\omega_s)t} \qquad (3.62)$$

$$E_0 = CbJ_m(\delta\Phi)\frac{\sin[b(mk_s - k_0\sin\theta)/2]}{b(mk_s - k_0\sin\theta)/2} \qquad (3.63)$$

因为函数 $\sin x/x$ 在 $x = 0$ 时取极大值，因此衍射极大的方位角 θ_M 由下式决定：

$$\sin\theta_M = m\frac{k_s}{k_0} = m\frac{\lambda_0}{\lambda_s} \qquad (3.64)$$

式中：λ_0 为真空中光的波长；λ_s 为介质中超声波的波长。与一般的光栅方程相比可知，超声波引起的有应变的介质相当于一光栅常数为超声波长的光栅（常称为超声光栅）。由式（3.62）可知，第 m 级衍射光的频率 ω_m 为

$$\omega_m = \omega - m\omega_s \qquad (3.65)$$

可见，衍射光仍然是单色光，但发生了频移。由于 $\omega \gg \omega_s$，这种频移是很小的，因此声光调制时调频的意义不大，声光调制器多基于强度调制原理。

第 m 级衍射极大的强度 I_m 可用式（3.62）模数平方表示：

$$I_m = E_0 E_0^* = C^2 b^2 J_m^2(\delta\Phi) = I_0 J_m^2(\delta\Phi) \qquad (3.66)$$

式中：E_0^* 为 E_0 的共轭复数，$I_0 = C^2 b^2$。

第 m 级衍射极大的衍射效率 η_m 定义为第 m 级衍射光的强度与入射光的强度之比。由式（3.66）可知，η_m 正比于 $J_m^2(\delta\Phi)$。当 m 为整数时，$J_{-m}(a) = (-1)^m J_m(a)$。由

式(3.64)和式(3.66)可知,各级衍射光相对于零级对称分布。

3) 驻波声场中的声光调制

由于驻波的振幅可以达到行波振幅的两倍,且变化更为稳定,在实验中,经常利用驻波形式的超声波来形成超声光栅,使衍射现象更容易稳定观察。

超声驻波可以看成沿 y 正方向传播的波 y_1 和沿 y 负方向传播的波 y_2 叠加而成,其中:

$$S_1 = S_0 \sin(\omega_s t - k_s y) \tag{3.67}$$

$$S_2 = S_0 \sin(\omega_s t + k_s y) \tag{3.68}$$

由此可得,形成驻波的表达式为

$$S = 2S_0 \sin(\omega_s t) \cos(k_s y) \tag{3.69}$$

此时光学介质的折射率 $n(y,t)$ 满足

$$n(y,t) = n_0 + \Delta n \sin(\omega_s t) \cos(k_s y) \tag{3.70}$$

因此当光束垂直入射($\boldsymbol{k} \perp \boldsymbol{k}_s$)并通过时,光在介质入射面与出射面处的相位差为

$$\Delta \Phi = \Delta \Phi_0 + \delta \Phi \sin(\omega_s t) \cos(k_s y) \tag{3.71}$$

与行波场相似,可以得到其光场为

$$E = Cb \sum_{m=-\infty}^{\infty} J_m(\delta\Phi\sin(\omega_s t)) e^{im\pi/2} e^{i\omega t} \frac{\sin[b(mk_s + k_0\sin\theta)/2]}{b(mk_s + k_0\sin\theta)/2} \tag{3.72}$$

上式中与第 m 级衍射有关的项为

$$E_m = E_0 e^{i(\omega - m\omega_s)t} \tag{3.73}$$

$$E_0 = CbJ_m(\delta\Phi\sin(\omega_s t)) e^{im\pi/2} \frac{\sin[b(mk_s - k_0\sin\theta)/2]}{b(mk_s - k_0\sin\theta)/2} \tag{3.74}$$

因此,此时衍射极大的方位角同样满足式(3.64),但第 m 级衍射极大的强度 I_m 为

$$I_m = E_0 E_0^* = C^2 b^2 J_m^2(\delta\Phi\sin(\omega_s t)) = I_0 J_m^2(\delta\Phi\sin(\omega_s t)) \tag{3.75}$$

这个结果说明,超声驻波发生的衍射中各级衍射的方位与行波场一样,但每一序衍射光束均各受到因子 $J_m^2(\delta\Phi\sin\omega_s t)$ 的调制。通过贝塞尔函数的变量 $\delta\Phi\sin\omega_s t$ 而附加了一个随时间的起伏,因此各级衍射光束不再像行波情况那样发生一定的频移($m\omega_s$),而是含有多个傅里叶分量的复合光束。由此可见,超声驻波产生的各级衍光强分别以 $2m\omega_s$ 的频率被调制。

3.3 实验项目

光调制技术实验包含9个实验项目,分别是:基带调制和副载波调制实验;音频模拟信号和数字信号内调制传输;铌酸锂晶体会聚偏振光的干涉;铌酸锂晶体半波电压和电光系数的测量;测量 1/4 波片不同工作点的输出特性;电光调制通信传输实验;磁光效应实验;利用声光效应测量超声波波速实验;晶体的声光调制实验。实验内容丰富、实验难度适中,有助于大家对光调制技术的深入理解。

实验 3.1 基带调制和副载波调制实验

【实验目的】

1. 了解内调制的原理及分类。

2. 掌握对信号进行内调制传输的原理。

【实验仪器】

红外发射装置、红外接收装置、发射管、接收管、测试平台、信号发生器、示波器。

【实验内容】

基带调制传输与副载波调制传输实验。

【实验步骤与数据记录】

一、基带调制传输实验

1. 按照图 3.12 所示的实验系统框图将红外发射器连接到发射装置的"发射管"接口,接收器连接到接收装置的"接收管"接口,二者相对放置。

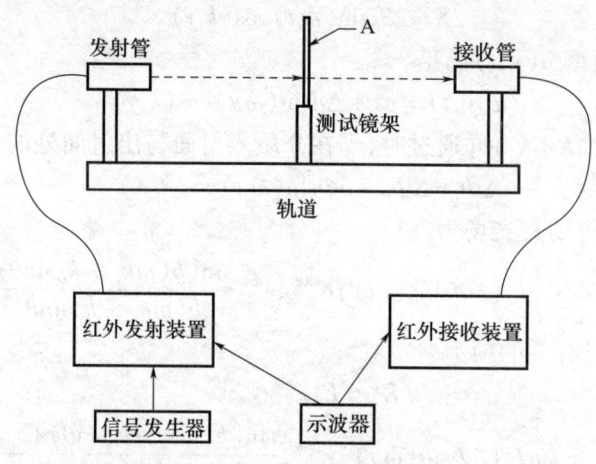

图 3.12　实验系统组成框图

2. 将信号发生器信号输出接入发射装置信号输入端,要求信号频率低于 5kHz。将电压源输出连接到发射模块信号输入端,调节电压源为 2.5V,以提供直流偏置。红外发射与接收装置面板如图 3.13 所示。

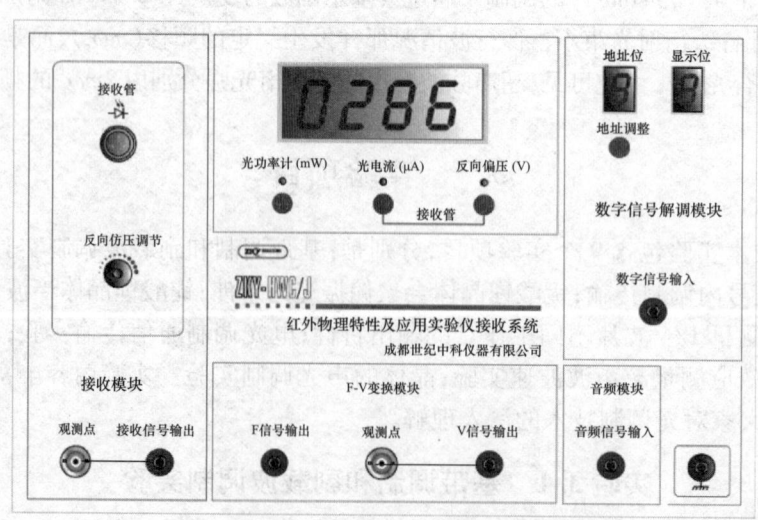

图 3.13　红外发射与接收装置面板图

3. 将发射装置信号输入观测点接入双踪示波器 CH1 通道,观测输入信号波形。将接收装置信号输出端的观测点接入双踪示波器的 CH2 通道,观测经红外传输后接收模块输出的波形。

4. 观测信号经红外传输后,波形是否失真,频率有无变化,记入表 3.3 中。

5. 调节信号发生器输出幅度,当幅度超过一定值后,可观测到接收信号明显失真,将信号不失真对应的输入电压范围记录于表 3.3 中。

6. 转动接收器角度以改变接收到的光强,或在红外传输光路中插入衰减板,用遮挡物遮挡,观测对输出的影响,记入表中,并对结果进行讨论。

表 3.3 基带调制传输实验

发光二极管调制电路输入信号			光电二极管光电转换电路输出信号			
波形	频率/kHz	不失真输入电压范围	波形	频率/kHz	信号失真度描述	衰减对输出的影响
正弦波						
方波						

二、副载波调制传输实验

1. 观测调频电路的电压频率关系。将发射装置中的电压源输出接入 V – F 变换模块的 V 信号输入,用直流信号作调制信号。将 F 信号输出的"频率测量"接入示波器,观测输入电压与 F 信号输出频率之间的 V – F 变换关系。调节电压源,通过在示波器上读输出信号的周期来换算成频率。将输出频率随电压的变化记入表 3.4 中。

表 3.4 调频电路的频率—电压关系

输入电压/V	0	0.2	0.4	0.6	0.8	1.0	1.2	1.4	1.6	1.8	2.0
输出频率/kHz											

2. 以输入电压作横坐标,频率 $\omega_V = 2\pi f_V$ 为纵坐标,在坐标纸上作图。直线的斜率为调频系数 k_f,求出 k_f。

3. 通过信号发生器,将频率约为 1kHz,幅度 V_{pp} 小于 5V 的正弦信号接入发射装置 V – F 变换模块的外信号输入端,再将 V – F 变换模块 F 信号输出接入发射模块信号输入端。

4. 将接收信号输出接入 F – V 变换模块 F 信号输入端,在 V 信号输出端输出经解调后的基带信号。

5. 用示波器观测基带信号(将"外信号观测"接入示波器),以及经调频、红外传输后解调的基带信号波形(F – V 变换模块的"观测点"),传输后的频率可以从 F 信号输入的"频率测量"处测得。将观测情况记入表 3.5 中。

6. 改变输入基带信号的频率(400Hz ~ 5kHz)和幅度,转动接收器角度使输入接收器的光强改变,观测 F – V 变换模块输出的波形。对表 3.5 结果作定性讨论。

表 3.5　副载波调制传输实验

基带信号		红外传输后解调的基带信号			
幅度/V	频率/kHz	幅度/V	频率/kHz	信号失真程度	衰减对输出的影响

注意：
1. 在实验进行中，禁止取下发射管和接收管。
2. 红外发生装置、红外接收装置、轨道部分，三者要保证接地良好。
3. 实验中注意按极性进行连线。

【实验总结与思考】

总结基带调制传输和副载波调制传输的异同，思考信号波形传输后失真的原因。

实验 3.2　音频模拟信号和数字信号内调制传输实验

【实验目的】

1. 定性研究音频信号的内调制传输。
2. 观察数字信号的内调制传输。

【实验仪器】

红外发射装置、红外接收装置、发射管、接收管、测试平台（轨道）、示波器。

【实验内容】

音频信号与数字信号传输实验。

【实验步骤与数据记录】

一、音频信号传输实验

1. 将发射装置"音频信号输出"接入发射模块信号输入端；接收装置"接收信号输出"端接入音频模块的音频信号输入端。
2. 倾听音频模块播放出来的音乐。定性观察位置没对正、衰减、遮挡等外界因素对传输的影响，陈述实验者的感受。

二、数字信号传输实验

1. 将发射装置"数字信号输出"接入发射模块信号输入端，接收装置"接收信号输出"端接入数字信号解调模块的数字信号输入端。
2. 设置发射地址和接收地址，设置发射装置的数字显示。改变地址位和数字位，观察数字信号的接收情况。
3. 改变地址位和数字位，用示波器观察传输波形（接收、发射模块的"观测点"）。

【思考题】

红外通信中信号传输的质量受哪些因素的影响。

实验 3.3　铌酸锂晶体会聚偏振光的干涉

【实验目的】
1. 观察电光效应所引起的晶体光学特性的变化。
2. 观察铌酸锂晶体会聚偏振光的干涉现象。

【实验仪器】
光学导轨、激光器、电光晶体、偏振片(2个)、凸透镜($f=30\text{mm}$)、白屏、高压电源。

【实验内容】
观察铌酸锂晶体会聚偏振光干涉图样(铌酸锂晶体会聚偏振光干涉见附录)。

【实验步骤与数据处理】
1. 按图 3.14 搭建晶体的会聚偏振光干涉图样光路,自左向右依次为激光器、起偏器、凸透镜、电光晶体、检偏器和白屏,进行光路等高调节。

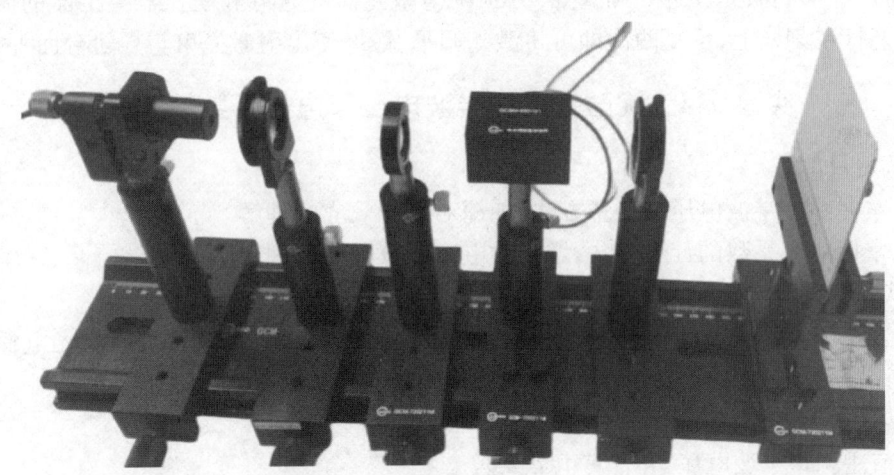

图 3.14　会聚偏振光干涉光路图

2. 在观察过程中要反复微调晶体、偏振片方向,使干涉图样中心与光点位置重合,同时尽可能使暗十字图样清晰、对称、完整、不倾斜,确保光束既与晶体 x 光轴平行,又从晶体中心穿过的要求。

3. 铌酸锂晶体红黑高压头分别与电光高压电源后面板正负接口相连,如果调整偏置高压随着晶体两端电压变化可以看到黑十字发生变形,单轴晶体变化为双轴晶体。

注意:
1. 高压电源

信号监测:如图 3.15 所示,开关拨到"内"是指"信号监测"监测仪器内部产生的正弦波或方波,同时对外输出正弦波或者方波;开关拨到"外"是指"信号监测"监测从外部输入信号,即信号输入的外部信号,如音频信号。音频输出:开关拨到"内"是指连接了机箱内部音箱,开关拨到"外"是指可以使用耳机监听。信号输入:是可以从外部通过 BNC 接入信号,也可以自己产生正弦或者方波。

电源上的旋钮顺时针方向为增益加大的方向,因此,电源开关打开前,所有旋钮应该逆时针方向旋转到头,关仪器前,所有旋钮逆时针方向旋转到头后再关电源。

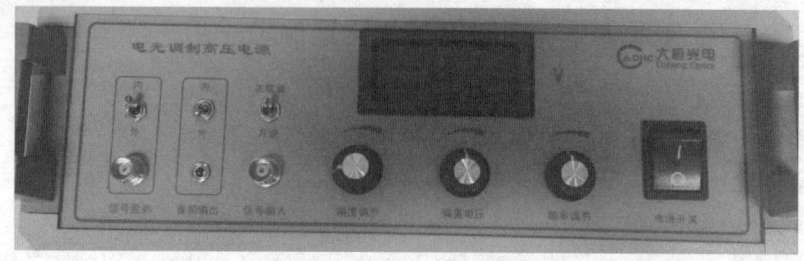

图 3.15 电光调制高压电源

2. 共轴调节技巧

调整过程需参照固定高度器件调整器件等高,如可以选择白屏作为参照,可将白屏调整适当高度。方法如下:安装激光器,可以将白屏调整到合适高度,以白屏刻线作为参考高度,将白屏移到激光器近处和远处,分别调整激光器的高低和激光器夹持器的俯仰,使激光均能打在刻线上,反复两次即可将激光调平,最终使出射激光束与导轨台面平行。

实验 3.4 铌酸锂晶体半波电压和电光系数的测量

【实验目的】

1. 掌握晶体半波电压的测量方法,加深对电光效应的理解。
2. 掌握电光系数的计算方法,增强对电光系数含义的理解。

【实验仪器】

光学导轨、激光器、电光晶体、偏振片(2 个)、凸透镜($f=30\text{mm}$)、白屏、光电探测器、光功率计、示波器、高压电源。

【实验内容】

极值法测量半波电压,并计算电光系数。

【实验步骤与数据处理】

极值法测量晶体半波电压光路搭建

1. 如图 3.16 所示搭建极值法测量半波电压光路。自左向右依次为激光器、起偏器、电光晶体、检偏器和光电探测器,进行光路等高调节。

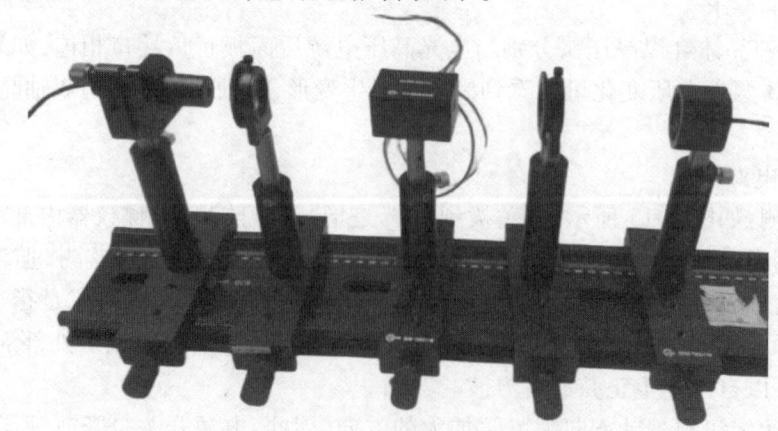

图 3.16 极值法测量半波电压光路图

2. 调整起偏器的偏振方向为水平或竖直,并与检偏器的偏振方向相互垂直,调试过程可以参考锥光干涉实验,最终在白屏上看到锥光"十"字,并旋转两个偏振片方向,保证"十"字不会倾斜,即偏振方向相互垂直。

3. 晶体红黑高压头分别与电光高压电源后面板正负接口相连,信号监测选择"外",信号输入不接 MP3,调整电光调制高压电源偏置高压旋钮,随着直流电压从小到大逐渐改变(可间隔 50V),输出的光强将会出现极小值和极大值,相邻极小值和极大值对应的直流电压之差即是半波电压 U_π,读取高压示数和功率计示数,记入表 3.6。

4. 以 P 为纵坐标,U 为横坐标,画铌酸锂晶体的透过功率曲线 $P \sim U$ 关系曲线,计算半波电压 U_π 和电光系数的数值。

5. 根据式(3.36),计算电光系数 γ_{22}。其中:晶体厚度 $d = 5\text{mm}$,长度 $l = 30\text{mm}$,$n_0 = 2.29$,激光波长 $\lambda = 650\text{nm}$。

表 3.6 透过光强随偏置电压的变化记录表

偏压 U/V	0	50	100	150	200	250	300	350	400	450	500
光强 P/mW											
偏压 U/V	550	600	650	700	750	800	850	900	950	1000	1100
光强 P/mW											

注意:

1. 电光晶体又细又长,容易折断,电极是真空镀的银膜,操作时要注意,晶体电极上面的铜片不能压的太紧或给晶体施加压力,以免压断晶体。

2. PIN 光电二极管实验过程中由于激光较强,会出现饱和,所以在不影响效果的情况应尽可能减小入射光的强度。

实验 3.5 测量 1/4 波片不同工作点的输出特性

【实验目的】
1. 比较 1/4 波片和直流偏压对电光调制器不同工作点的影响。
2. 掌握 1/4 波片不同工作点输出特性的实验方法。

【实验仪器】
光学导轨、激光器、电光晶体、偏振片(2 个)、1/4 波片、白屏、光电探测器。

【实验内容】
测量 1/4 波片不同工作点的输出特性。

【实验步骤与数据处理】
1. 按图 3.17 所示搭建测试 1/4 波片不同工作点输出特性光路。自左向右依次为激光器、起偏器、1/4 波片、电光晶体、检偏器和光电探测器,进行光路等高调节。

2. 调整起偏器的偏振方向为水平或竖直,并与检偏器的偏振方向相互垂直,调试过程参考锥光干涉实验,最终在白屏上看到锥光"十"字,并旋转两个偏振片方向,保证"十"字不会倾斜,即偏振方向相互垂直。

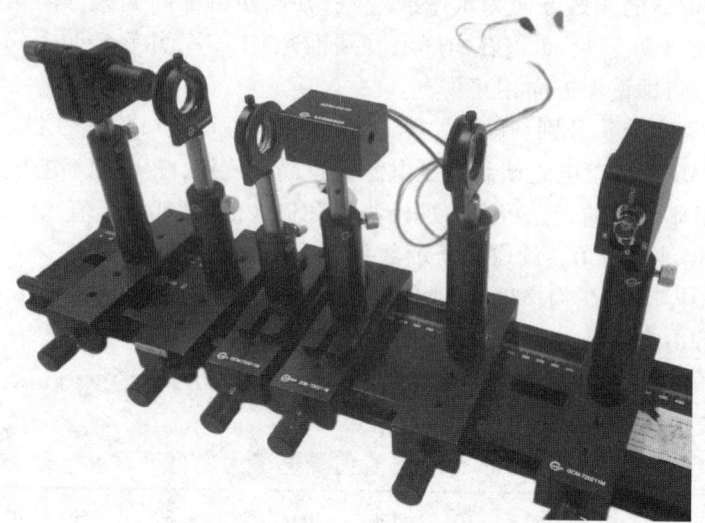

图 3.17　测试 1/4 波片不同工作点输出特性光路

3. 晶体红黑高压头分别与电光高压电源后面板正负接口相连,电光调制高压电源的信号监测选择"内",音频输出选择"外",正弦波/方波选择正弦波,适当调节幅度,调节频率为 1MHz,观察示波器波形。

4. 将偏置电压调为 0,缓慢旋转波片,可以观察正弦波形、调制失真、调制线性。

5. 如果出现调制失真,可以通过调节偏置电压实现调制线性。

注意:通过在晶体上加直流偏压可以改变调制器的工作点,也可以用 1/4 波片选择工作点,其效果是一样的,但这两种方法的机理是不同的。

实验 3.6　电光调制通信传输实验

【实验目的】

1. 掌握晶体电光外调制通信的原理。
2. 掌握晶体电光外调制通信的实验方法,了解电光调制的实际应用。

【实验仪器】

光学导轨、激光器、电光晶体、偏振片(2 个)、1/4 波片、白屏、光电探测器、光功率计、示波器、高压电源、MP3。

【实验内容】

电光通信演示。

【实验步骤与数据记录】

1. 按图 3.17 所示搭建光通信演示实验。自左向右依次为激光器、起偏器、1/4 波片、电光晶体、检偏器和光电探测器,进行光路等高调节。

2. 晶体红黑高压头分别与电光高压电源后面板正负接口相连,信号输入连接 MP3,并让 MP3 工作,信号监测选择"外",音频输出选择"外"(若选内,内部音箱会响),正弦波/方波均不再工作,MP3 信号会接入系统,适当调整幅度调节,偏置电压可以适当调整。

3. 调整音箱音量,同时旋转波片或适当调整偏振片,使得可以听到 MP3 播放的声音。

实验 3.7 磁光效应实验

【实验目的】
1. 掌握磁光效应的原理和实验方法。
2. 计算磁光介质的 Verdet 常数。

【实验仪器】
光学导轨、激光器、偏振片(2 个)、磁光晶体、白屏、电流源。

【实验内容】
测量 Verdet 常数。

【实验步骤与数据记录】
1. 搭建如图 3.18 所示磁光效应光路。自左向右依次为激光器、起偏器、磁光晶体、检偏器和白屏,其中磁光线圈直接固定在滑块上,磁光晶体安装在上面,整个光轴进行等高调节。

图 3.18 磁光晶体效应测量光路

2. 首先旋转起偏器使透过起偏器的激光最强,然后旋转检偏器直至在白屏看到完全消光,记下此时检偏器偏振角度 α_0。

3. 将磁光线圈与磁光电源正负极相连,调整电流并记录偏转的角度,线圈两端电压及电流如表 3.7 所示,并记录旋转角度,其中线圈电阻为 150Ω,磁光玻璃棒(TGG)长度 $l = 17.9$mm,直径 5.5mm。

表 3.7 Verdet 常数记录表

线圈电压/V	0	25	50	75	100	125	150	175	200
磁感强度/mT	0	49	75	91	105	114	124	132	140
线圈电流/A	0	0.17	0.33	0.5	0.67	0.83	1.0	1.17	1.33
旋转角度/mrad									
Verdet 常数 $V = \dfrac{\alpha}{lB}$									
计算平均值									

注意:电磁线圈长时间通电将导致表面温度升高,测量数据后应及时关闭点源。

实验 3.8 利用声光效应测量超声波波速实验

【实验目的】
1. 理解超声光栅形成的原理。
2. 掌握利用超声光栅测量超声声速的方法。

【实验仪器】
光学导轨、超声光栅实验仪(数字显示高频功率信号源,内装压电陶瓷片 PZT 的液槽)、钠灯、测微目镜、透镜及可以外加液体(如矿泉水)。

【实验内容】
测量超声光栅下 m 级衍射光谱线到 0 级光谱线的距离,计算超声波速。

【实验步骤与数据记录】
1. 参考图 3.19 搭建光路,自左至右分别是钠灯、狭缝、透镜 1、液槽、透镜 2 和测微目镜,点亮钠灯,照亮狭缝,并调节所有器件共轴。
2. 液槽内充好液体后,连接好液槽上的压电陶瓷片与高频功率信号源上的连线,将液槽放置到载物台上,且使光路与液槽内超声波传播方向垂直。

图 3.19 声光效应测量光路

3. 调节高频功率信号源的频率(数字显示)和液槽的方位,直到视场中出现稳定、清晰的左右各二级以上对称的衍射光谱(最多能调出 ±4 级),再细调频率,使衍射的谱线出现间距最大,且最清晰的状态,记录此时的信号源频率。

表 3.8 超声波波速测量数据记录

K	L_m	$(L_m - L_{m-1})$	$(L_m - L_{m-2})/2$	$(L_m - L_{m-3})/3$	$(L_m - L_{m-4})/4$
+4					
+3					
+2					
+1					
0					
−1					
−2					
−3					
−4					

4. 用测微目镜对矿泉水液体的超声光栅现象进行观察,测量各级谱线到零节的位置读数,记录在表 3.8 中,利用式(3.50)计算出超声波的波长,并求出超声波波速,其中钠光灯的波长 λ_0 为 589nm。

注意:

1. 测微目镜使用时应保持旋转螺纹的方向一致,防止产生空程误差。

2. 液槽必须要平稳放置在载物台上,在实验过程中应避免震动,以使超声在液槽内形成稳定的驻波。导线分布电容的变化会对输出电频率有微小影响,实验中不能碰触连接液槽和高频信号源的导线。

3. 锆钛酸铅陶瓷片的表面与对应玻璃槽壁面必须平行,才能形成较好的驻波现象,实验时应将液槽的上盖盖平。而上盖与液槽之间会存在微小的空隙,有时微微扭动上盖,也会使衍射现象有所改善。

4. 拿取液槽应该拿两端面,不要触碰两侧表面通光部位,以免污染。若已有污染,可用酒精乙醚擦拭清洗,或用镜头纸擦拭干净。

【实验总结与思考】

总结调节出多级衍射光的方法和技巧,体会超声波平面光栅的作用。

实验 3.9 晶体的声光调制

【实验目的】

1. 了解声光效应的原理。
2. 了解布拉格衍射的实验条件和特点,并能计算超声信号形成的光栅常数。
3. 完成声光通信的光路安装调试。

【实验仪器】

光学导轨、半导体激光器、光学底座(若干)、声光晶体、光电探测器、声光调制器、载物台、白屏、MP3 音源、有源音箱。

【实验内容】

1. 测量超声光栅常数。
2. 利用声光调制进行音频信号传输。

【实验步骤与数据记录】

超声光栅常数测量完整光路图参考图 3.20。自左向右依次为激光器(激光波长 650nm)、声光晶体和白屏,搭建光路步骤如下:

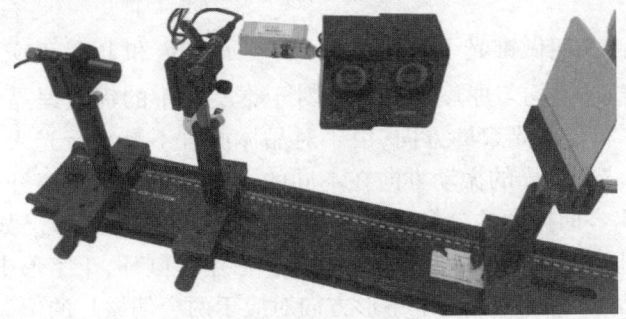

图 3.20 声光效应测量光路

1. 把激光器、白屏置于光学导轨上,以白屏水平刻线作为参考高度,适当调整二者高低使它们基本等高。

2. 把白屏靠近激光器,调整激光器高低使激光光点处于白屏的水平刻线上;再把白屏远离激光器,调节激光器夹持器的俯仰使激光光点仍处于白屏的水平刻线上;重复上述步骤2~3次,即可使激光束与光学导轨平行。然后把白屏移到导轨右端并固定在导轨上。

3. 把声光晶体置于激光器与白屏之间,距离激光器5~10cm;调节声光晶体上下、左右位置,使激光照射在晶体的中心;调节调节架上的俯仰调节螺钉使晶体的反射光基本反射回激光器出射口,以保证激光垂直入射到声光晶体上。

4. 将声光晶体与驱动电源相连,适当旋转声光晶体角度,使白屏呈现清晰的布拉格衍射图样。

5. 在白屏上读取0级、1级衍射光斑的位置x_0、x_1,并测量声光晶体到白屏的距离b,计算衍射角θ,根据式(3.64),计算光栅常数,所用激光在真空中波长λ_0为650nm。

6. 把白屏换为光电探测器,并调整其高低及左右位置,使衍射+1级光斑入射到光电探测器接口中,同时将光电探测器输出端接入有源音箱。

7. 将MP3音源连接到驱动源上,打开MP3音源,同时调整音箱的开关,即可听到播放的音乐。调整MP3音源的音量,感受音箱播放声音强弱的变化。

注意:

1. 声光晶体应小心轻放,且通过面不得接触,否则会损伤光学增透膜,造成晶体损坏报废。

2. 驱动电源不得空载,即加上直流工作电压前,应先将驱动电源"输出"端和声光晶体或者其他50Ω负载相连。

3. 在声光晶体的通讯过程中,若按步骤调试后仍然没有听到乐曲,可以适当调整探测器位置,一般激光较强时探测器会出现饱和,影响接收质量。

【实验总结与思考】

理解声波如何实现对光信号的调制,总结调节衍射光强度的技巧和方法,体会影响声光通信质量的因素。

附录

铌酸锂晶体的会聚偏振光干涉

会聚偏振光干涉又叫做锥光干涉。如图F2.1所示,P_1和P_2是正交的偏振片,L_1是透镜,用来产生会聚光;N是均匀厚度的晶体。对于本实验中的铌酸锂晶体,不加电压时为单轴晶体,光轴沿平行于激光束的方向,由于对晶体而言不是平行光入射,不同倾角的光线将发生双折射,o光和e光的振动方向在不同的入射点也不同。离开晶体时,两条光线平行出射,它们沿P_2方向振动的分量将在无穷远处会聚而发生干涉。如图F2.2所示,一个暗十字图形贯穿整个图样,四周为明暗相间的同心干涉圆环,十字形中心同时也是圆环的中心,它对应着晶体的光轴方向,十字形方向对应于两个偏振片的偏振轴方向。其光程差δ由晶体的厚度h、o光和e光的折射率之差以及入射的倾角θ决定。不难看出,相同θ

的光线将形成类似等倾干涉的同心圆环，θ 越大，δ 也越大，明暗相间的圆环间隔就越小。

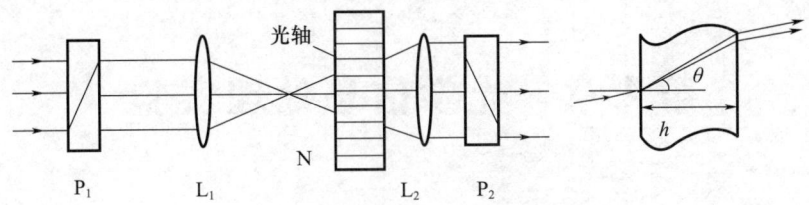

图 F2.1　锥光干涉原理示意图

图 F2.2　锥光干涉图案

必须指出，会聚偏振光干涉的明暗分布不仅与光程差有关，还与参与叠加的 o 光和 e 光的振幅比有关。其中形成中央十字线的是来自沿 X 和 Y 平面进入晶体的光线，这些光线在进入晶体后要么只有 o 光，要么只有 e 光，而且它们由晶体出射后都不能通过偏振片 P_2，形成了正交的黑色十字，而且黑十字的两侧也由内向外逐渐扩展。

在观察过程中要反复微调晶体，使干涉图样中心与光点位置重合，同时尽可能使图样对称、完整，确保光束既与晶体光轴平行，又从晶体中心穿过，再调节使干涉图样出现清晰的暗十字，且十字的一条线平行于 x 轴。

参考文献

1. 樊昌信. 通信原理[M]. 北京：国防工业出版社. 2012.
2. 陈丽. 光电信息技术综合实验教程[M]. 北京：科学出版社，2017.

第4章 光学信息处理实验

简要介绍光学信息处理的内涵和历史,讲解空间频率、空间频谱等基本概念,在此基础上讨论透镜的傅里叶变换性质和阿贝成像原理,以及典型的光学信息处理系统和空间滤波器。在了解基本理论的基础上,通过空间滤波、光学微分处理、光学图像相减、θ调制空间假颜色编码等实验,来了解光学信息处理的基本思路和实现方法,重点理解通过改造频谱的手段来改造光学信息的重要思想。

4.1 引言

光学信息处理是信息光学中的重要课题,是人们把通信理论,特别是其中的傅里叶分析方法引入到光学后逐步形成的一个光学分支。光学信息处理技术可以追溯到一百多年前的阿贝成像原理。1873年,德国科学家阿贝(Ernst Abbe)在蔡司光学公司任职期间,在研究如何提高显微镜的分辨本领时,提出了一个关于相干成像的新观点——阿贝成像原理;1893年阿贝、1906年波特(Albert B. Porter)为了验证阿贝二次成像理论分别做了若干实验,科学、直观地说明了空间滤波的作用,启发人们用改造频谱的手段来改造信息;1935年,泽尼克(Frits F. Zernike)提出了相衬原理并发明相衬显微镜,可用于观察活细胞和未染色的生物标本,1953年获诺贝尔物理学奖,这是空间滤波技术早期最成功的应用。1948年,伽柏(Dennis Gabor)发明全息术,1971年获得诺贝尔物理学奖;20世纪50年代,通信理论和光学的结合,产生了傅里叶光学(Fourier optics),为光学信息处理的理论和技术奠定了基础;20世纪60年代,激光器诞生,全息术获得重大发展,相干光处理进入蓬勃发展的阶段;20世纪70年代,为克服相干噪声,发展了非相干光处理、白光处理;20世纪90年代,迅速发展的分数傅里叶光学是傅里叶光学的发展和延拓,为光学信息处理开辟了更广的领域。21世纪,随着计算机技术的发展,计算机和光学模拟处理器结合起来,构成混合处理系统;同时,光计算也成为非常重要的研究领域。2020年12月4日《Science》杂志刊文,我国潘建伟院士研究团队构建了76个光子的量子计算原型机"九章",该量子计算系统处理"高斯玻色取样"任务的速度比目前最快的超级计算机快一百万亿倍("九章"一分钟完成的任务,超级计算机需要一亿年),使得我国成功达到了量子计算研究的第一个里程碑:量子计算优越性(或称量子霸权)。现在,光学信息处理技术与应用仍然是科学研究的前沿,在国防、军事、医学等领域发挥着重要作用。

4.2 空间光学信息处理基本原理

光学信息处理是指基于空间频率和傅里叶变换原理,用光学方法实现对光学信息(包括光的强度或振幅、相位、波长、偏振态等)的变换和处理。光学信息处理系统通常包括光源、输入信息、光学系统、输出信息等部分。根据使用光源的时间和空间相干性分为相干光处理和非相干光处理。光学系统是基于光学频谱分析,利用傅里叶综合技术,通过空域或频域调制,借助空间滤波技术对光学信息进行处理的系统,这些处理包括菲涅耳变换、傅里叶变换,以及卷积、去噪、编码与解码等。根据光学处理系统是否满足线性叠加性质分为线性处理和非线性处理。

与通信系统进行对比,有助于理解空间光学信息处理的基本思路。如图 4.1 所示,通信系统是用来收集或传递信息的,这种信息一般是随时间变化的,例如一个被调制的电压或电流的波形。空间光学信息系统通常是用来成像的,即物平面上的复振幅或光强分布经过光学系统后得到像平面上的复振幅或光强分布。从通信理论的观点来看,可以把物平面上的复振幅或光强分布看作是输入信息,把像平面上的复振幅或光强分布看作是输出信息。那么,光学系统的作用是把输入信息变为输出信息,只不过光学系统所传递和处理的信息是随空间变化的函数,而通信系统传递和处理的信息是随时间变化的函数。从数学的角度看,两者不存在实质性的差别。

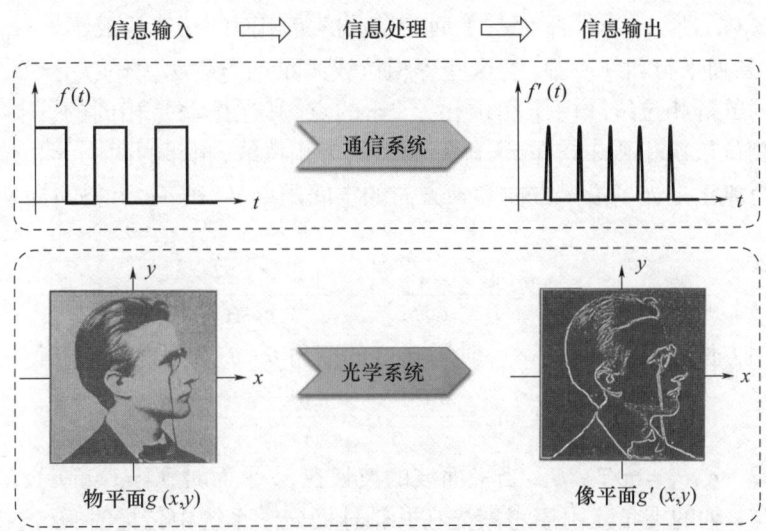

图 4.1 光学系统与通信系统的对比

4.2.1 空间频率和空间频谱

光学信息处理系统通常关注的是光波在某个平面(如物面、像面均是与光轴垂直的平面)上的分布情况,这与光的空间频率关系密切,因此本节着重讨论单色平面波在一个平面的空间频率。正如 1.2.3 节所述,为便于计算我们采用光场的复数表示。对于如图 4.2(a)所示的直角坐标系中,根据式(1.7),波矢量为 k 的平面简谐波的复数波函数可表示为

$$\widetilde{E}(x,y) = E_0 \exp[\mathrm{i}2\pi(f_x x + f_y y + f_z z - vt)] \tag{4.1}$$

式中:f_x、f_y、f_z 的含义见 1.2.3 节,分别是沿 x、y、z 方向的空间频率,不失一般性地记初始相位 $\varphi_0 = 0$。本章所讨论问题主要涉及光强分布,光场的矢量性在此处不是主要问题,因此这里用标量波函数表示。

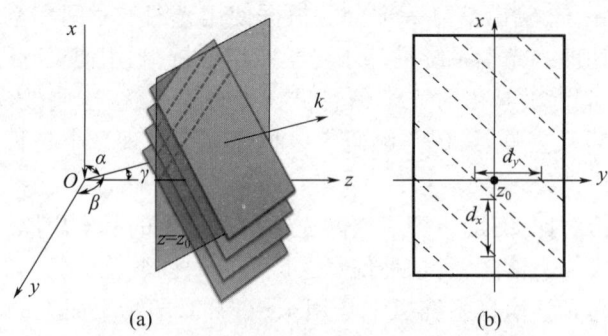

图 4.2　单色平面波在 xy 平面上的等相位线

单色平面波在图 4.2 所示的 $z=z_0$ 平面上的复振幅分布可表示为

$$\widetilde{E}(x,y) = E'\exp[\mathrm{i}2\pi(f_x x + f_y y - vt)] \tag{4.2}$$

式中：$E' = E_0\exp[\mathrm{i}2\pi f_z z_0]$ 是一个复常数。

如图 4.2（a）所示，$z=z_0$ 平面与平面简谐波的等相面的交线构成了 $z=z_0$ 平面上的等相位线，是一系列平行斜线。显然，这些等相位线满足的方程为 $f_x x + f_y y = C$，常数 C 的不同值对应不同的等相位线。由于相位相差 2π 的点，其光振动是相同的，图 4.2（b）所示的虚线正是相位依次相差 2π、在 $z=z_0$ 平面上的等相位线，相邻的两个等相位线沿 x 方向和 y 方向的距离正是光场沿 x 方向和 y 方向的空间周期 d_x 和 d_y，由空间周期与频率的关系知：

$$d_x = \frac{1}{f_x} = \frac{\lambda}{\cos\alpha},\quad d_y = \frac{1}{f_y} = \frac{\lambda}{\cos\beta}. \tag{4.3}$$

为了应用方便起见，空间频率有时用 α,β 的余角 θ_x,θ_y 表示为

$$f_x = \frac{\sin\theta_x}{\lambda},\quad f_y = \frac{\sin\theta_y}{\lambda}. \tag{4.4}$$

式中：$\theta_x = \pi/2 - \alpha, \theta_y = \pi/2 - \beta$。当平面波的波矢在 xz 平面时，$f_x = (\sin\theta_x)/\lambda, f_y = 0, \theta_x$ 就是传播方向与 z 轴的夹角。由于考察光在共轴球面光学系统中传播时，常选择 z 轴作为系统的光轴，因此用平面波传播方向与光轴的夹角来表示平面波时会更方便。

空间频率的正负表示平面波有不同的传播方向。如图 4.3（a）（b）所示，如果平面波传播方向 k 与 z 轴的夹角 $\theta_x > 0$，空间频率 $f_x = (\sin\theta_x)/\lambda > 0$ 为正值，$z=z_0$ 平面上的相位值沿 x 正向增加，这意味着一束沿 k 传播的平行光，先到达 $z=z_0$ 平面上 x 值小的点；如图 4.3（c）所示 $\theta_x = 0$，空间频率 $f_x = (\sin\theta_x)/\lambda = 0$，$xy$ 平面上的相位值保持不变；如图 4.3（d）所示 $\theta_x < 0$，空间频率 $f_x = (\sin\theta_x)/\lambda < 0$，$xy$ 平面上的相位值沿 x 正向减小。

由上述可知，空间频率 (f_x, f_y) 是用来描述波场中 $z=z_0$ 平面上复振幅周期分布的两个特征量，这一基本周期分布的数学形式是复数指数函数 $\exp[\mathrm{i}2\pi(f_x x + f_y y)]$。不同的一组 (f_x, f_y) 值，对应不同的复振幅周期分布（高频、低频、零频等），也对应着沿不同方向（正频、负频）传播的平面波。根据光波的叠加与分解的性质，如果光场中 $z=z_0$ 平面上的复振幅是一种复杂的分布，则它们可以分解为许多种这样的基本周期分布。我们可以将该平面上复杂的复振幅分布看成是包含许多种空间频率成分，也可以认为有许多沿不同方向传播的平面波通过该平面。这一重要的物理思想可以用数学方式表示出来。

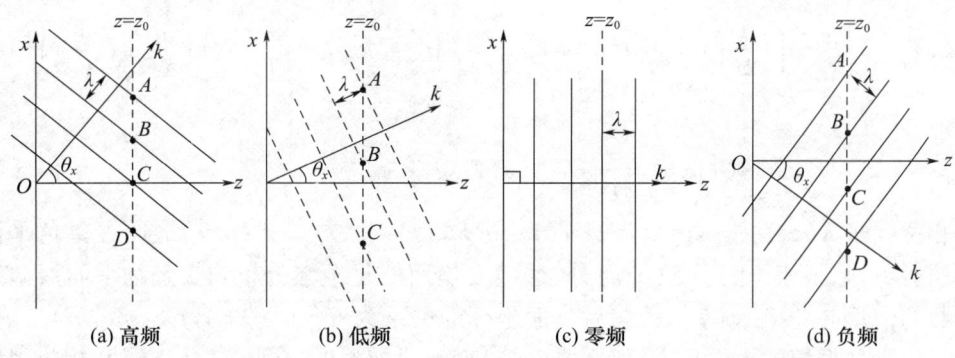

(a) 高频　　　　　(b) 低频　　　　　(c) 零频　　　　　(d) 负频

图 4.3　空间频率为高频(a)、低频(b)、零频(c)以及负频(d)的情况。

任何一个物理真实的物平面上的空间分布函数 $g(x,y)$ 可以表示成无穷多个基元函数 $\exp[\mathrm{i}2\pi(f_x x + f_y y)]$ 的线性叠加,即

$$g(x,y) = \int_{-\infty}^{+\infty} \int_{-\infty}^{+\infty} G(f_x, f_y) \exp[\mathrm{i}2\pi(f_x x + f_y y)] \mathrm{d}f_x \mathrm{d}f_y \tag{4.5}$$

式中:f_x、f_y 是基元函数 $\exp[\mathrm{i}2\pi(f_x x + f_y y)]$ 的空间频率;$G(f_x, f_y)$ 是该基元函数的权重,称为空间频谱。数学上 $G(f_x, f_y)$ 可通过 $g(x,y)$ 的傅里叶变换得到,即

$$G(f_x, f_y) = \int_{-\infty}^{+\infty} \int_{-\infty}^{+\infty} g(x,y) \exp[-\mathrm{i}2\pi(f_x x + f_y y)] \mathrm{d}x \mathrm{d}y \tag{4.6}$$

式(4.5)实质上是傅里叶变换式(4.6)的逆变换。

4.2.2　透镜的傅里叶变换性质

物理上,可利用凸透镜实现物平面分布函数 $g(x,y)$ 与其空间频谱 $G(f_x, f_y)$ 的变换。如图 4.4 所示,薄凸透镜的焦距为 F,把振幅透过率为 $g(x,y)$ 的衍射屏作为物屏放在距透镜 p 处。用波长为 λ 的单色平面光照射物屏,平行光经物屏衍射成为许多方向不同的平行光束,每一束平行光可以用空间频率 (f_x, f_y) 来表征,空间频率与衍射角 (θ_x, θ_y) 的关系满足 $f_x = \sin\theta_x/\lambda$、$f_y = \sin\theta_y/\lambda$。空间频率为 (f_x, f_y) 的平行光经凸透镜后会聚在后焦面的某一点 (u,v),形成一个复振幅分布,它就是 $g(x,y)$ 的空间频谱 $G(f_x, f_y)$,其中在傍轴近似下满足 $f_x = u/(\lambda F)$,$f_y = v/(\lambda F)$。衍射角越大,(f_x, f_y) 也越大,空间频率越高,高频成分对应输入图像随空间的快变信息,且高频距离频谱面的原点越远;衍射角越小,(f_x, f_y) 也越小,空间频率越低,低频成分对应输入图像随空间的慢变信息,且低频距离频谱面的原点越近;特别地,当衍射角为 0 时,对应空间的零频成分,位于频谱面的原点,对应输入图像的整体直流信息。可以证明,后焦面的复振幅分布为

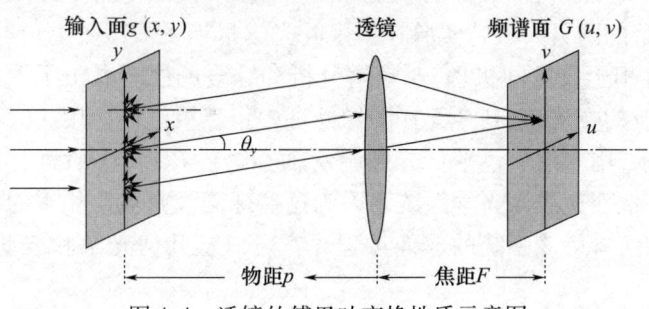

图 4.4　透镜的傅里叶变换性质示意图

$$G(u,v) = \frac{1}{\mathrm{i}\lambda F}\exp\left[\mathrm{i}\frac{k}{2F}\left(1-\frac{p}{F}\right)(u^2+v^2)\right]\int_{-\infty}^{+\infty}\int_{-\infty}^{\infty} g(x,y)\exp\left[-\mathrm{i}2\pi\left(\frac{u}{\lambda F}x+\frac{v}{\lambda F}y\right)\right]\mathrm{d}x\mathrm{d}y$$

即

$$G(u,v) = \frac{1}{\mathrm{i}\lambda F}K(u,v)\mathcal{F}\{g(x,y)\}\Big|_{f_x=\frac{u}{\lambda F},f_y=\frac{v}{\lambda F}} \tag{4.7}$$

其中相位因子 $K(u,v) = \exp[\mathrm{i}(k/2F)(1-p/F)(u^2+v^2)]$。式(4.7)表明在单色平面光波的照射下，除了相位因子 $K(u,v)$ 外，透镜后焦面的复振幅分布确实是物平面振幅透过率函数的傅里叶变换，频率取值与后焦面坐标的关系为 $f_x=u/(\lambda F), f_y=v/(\lambda F)$。另外，由于光强是复振幅的模的平方，那么式(4.7)变换式前的振幅因子 $1/(\mathrm{i}\lambda F)$ 和相位因子并不影响衍射图样的强度分布，因此利用该光路可以在透镜的后焦面得到衍射屏的远场夫琅禾费衍射图样。因此，夫琅禾费衍射过程就是傅里叶变换过程，因透镜能完成傅里叶变换运算，故称傅里叶变换透镜。因此，透镜后焦面通常称为傅里叶变换平面或频谱面。

应该注意，由于相位因子 $K(u,v)$，衍射屏和后焦面的复振幅分布之间的傅里叶变换关系不是准确的。这一相位因子在接收一次衍射的强度分布时不起作用，但在涉及二次衍射时，它将在第二次衍射中起作用，问题将会变得复杂。由式(4.7)容易看出，如果把衍射屏置于透镜的前焦面，即当物距 $p=F$ 时，$K(u,v)\equiv 1$，有

$$G(u,v) = \frac{1}{\mathrm{i}\lambda F}\mathcal{F}\{g(x,y)\}\Big|_{f_x=\frac{u}{\lambda F},f_y=\frac{v}{\lambda F}} \tag{4.8}$$

这时透镜后焦面的复振幅分布正是衍射屏平面复振幅分布的傅里叶变换，因此利用这一光路就可以准确地得到物体的频谱。

通过傅里叶变换的视角考察凸透镜的作用，一些光学现象会变得简单而有趣。举一个例子，我们中学就已经知道一束单色平行光垂直照射到凸透镜后会被会聚到焦点。入射的单色平行光意味着在前焦面的复振幅分布是常数，即 $g(x,y)=$ 常数。常数的傅里叶变换结果是 δ 函数，若假设透镜是无限大并忽略了常数振幅因子 $1/(\mathrm{i}\lambda F)$，即

$$g(x,y)=常数 \Rightarrow G(u,v)=\mathcal{F}\{g(x,y)\}=\delta(0,0) \tag{4.9}$$

因此后焦面(即频谱面)的复振幅分布恰好是集中在焦点 ($u=0,v=0$) 处，与几何光学的结果一致。此外，从空间频率来看，前焦面的常数复振幅分布，意味着该信号是直流信号，透镜的作用结果表明确实仅有零频的成分，即 $f_x=0,f_y=0$。

4.2.3 阿贝成像原理

1873年，德国科学家阿贝在蔡司光学公司任职期间，在研究如何提高显微镜的分辨本领时，提出了一个关于相干成像的新观点——阿贝成像原理。阿贝所提出的显微物镜成像原理以及随后的阿贝-波特实验在傅里叶光学早期发展历史上具有重要地位。这些实验简单漂亮，对相干成像的机理、对频谱分析和综合的原理做出了深刻解释。同时，这种简单模板作滤波的方法，直到今天在图像处理中仍然被广泛应用。

如图4.5所示，用一束单色平行光照明傍轴小物(ABC)，物平面上各点成为次波源，发射大量球面波，从而充满该光学系统。因为这些球面波是彼此相干的，故该系统是一个相干成像系统，如何看待该系统的成像过程呢？可以从几何光学和波动光学两个方面说明该过程。

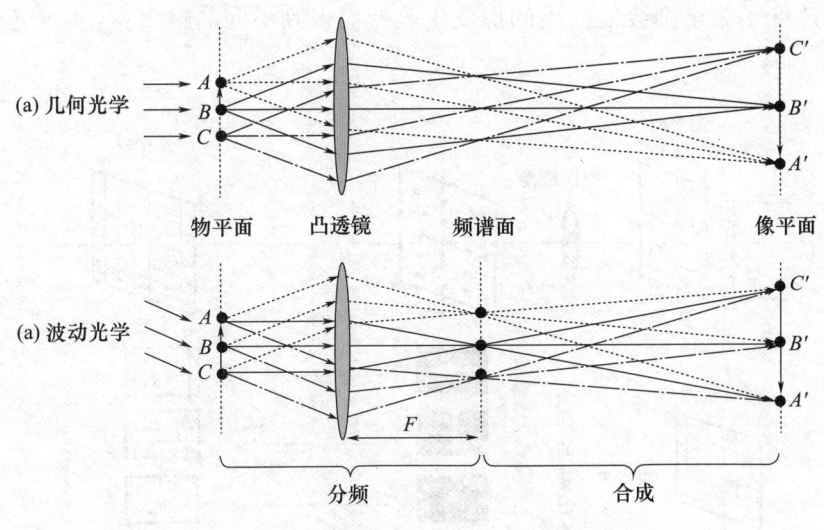

图 4.5 阿贝成像原理示意图

1. 传统的几何光学解释

如图 4.5（a）所示，着眼于点的对应：物是大量物点的集合，物平面上任意点发出的球面波经透镜在像平面汇聚于一个像点，因此像是大量像点的集合：

$$物\begin{Bmatrix} A & \rightarrow & A' \\ B & \rightarrow & B' \\ C & \rightarrow & C' \end{Bmatrix}像$$

这种观点当然是合理的，但其忽略了焦平面作为频谱面的特殊地位，同时也没有体现相干成像与非相干成像的区别。

2. 阿贝的波动光学解释

如图 4.5（b）所示，着眼于频谱的变换：物是一系列不同空间频率信息的集合，而相干成像过程分两步完成。第一步是分频，入射光经物平面发生夫琅禾费衍射，在透镜后焦面即频谱面上，出现一系列谱斑；第二步是合成，这些谱斑作为新的次波源，发出球面波，相干叠加在像平面，也就是说像是一种干涉场。这种相干系统两步成像的观点显然是波动光学的观点，我们称之为阿贝成像原理。进一步解释，物函数可以看作由许多不同空间频率的单频基元信息组成，夫琅禾费衍射将不同空间频率信息按不同方向的衍射平面波输出，通过透镜后的不同方向的衍射平面波分别汇聚到焦平面上不同的位置，即形成物函数的傅里叶变换的频谱，频谱面上的光场分布与反映物结构的物函数密切相关。显然，阿贝成像原理突出了空间频谱的重要地位，启发人们用改造频谱的手段来改造信息，这正是光学信息处理的精髓所在。

1893 年阿贝、1906 年波特为了验证阿贝成像原理分别做了若干实验，现在称为阿贝－波特实验。物面采用正交光栅（即网格状物），用平行单色光照明，在频谱面放置不同滤波器改变物的频谱结构，则在像面上可得到物的不同的像。实验结果表明，像直接依赖频谱，只要改变频谱的组份，便能改变像，这一实验过程即为光学信息处理的过程。如图 4.6 所示，如果对物或频谱不进行任何调制，物和像是一致的（这里暗含了透镜半径是无限大的），若对物函数或频谱函数进行调制处理，在频谱面采用不同的频谱滤波器,即改变了频谱则会使输出的像发生改变而得到不同的输出像,实现光学信息处理的目的。

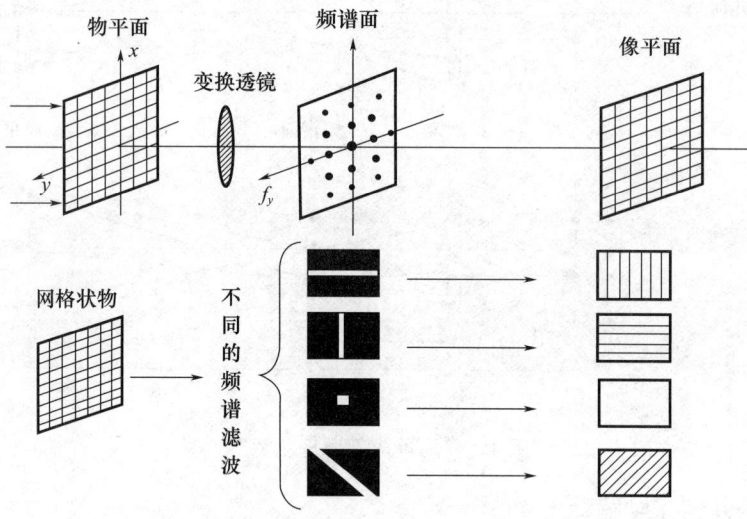

图4.6 阿贝－波特的空间滤波实验示意图

4.3 光学信息处理系统及应用举例

光学信息处理系统需要完成从空域到频域,又从频域还原到空域的两次傅里叶变换,以及在频域乘法运算。傅里叶变换的性质蕴含于光波的衍射中,借助透镜的作用可方便地利用傅里叶变换性质。因此,系统应包括实现傅里叶变换的物理实体,即光学透镜,以及具有与空域和频域相对应的输入、输出和频谱平面。频域上的乘法运算是通过在频谱面上放置所需要的滤波器来完成的。本节介绍四种典型的光学信息处理系统、四种空间滤波器,在此基础上分析三个光学信息处理案例。

4.3.1 典型的光学信息处理系统

1. 三透镜4F系统

典型的光学信息处理系统是三透镜系统。如图4.7所示,点光源S经准直透镜L_1产生平行光垂直照射物面P_1(输入面);经傅里叶变换透镜L_2变换,在其后焦面P_2产生物函数的傅里叶频谱;在P_2平面放置特定的空间滤波器进行滤波后,再通过透镜L_3的傅里叶逆变换,在输出面P_3上将得到所成的像(像函数)。由此可见,两次傅里叶变换的任务各由一个透镜L_2、L_3承担,即傅里叶变换透镜;第一个透镜L_1是准直透镜,这个透镜不可或缺,它使入射光为传播方向与光轴平行的平面波;否则,斜入射会引入额外的相位因子,使像函数的表达式变得极为复杂。一般地,两个傅里叶变换透镜L_2和L_3之间的距离是两透镜的焦距之和,系统的垂直放大率等于两个透镜焦距之比。为简单起见,若取两者焦距F相等,于是从输入平面P_1到输出平面P_3之间,各元件相距F,对称而优美,这种系统称为4F光学信息处理系统,或简称为4F系统,其工作原理如下。

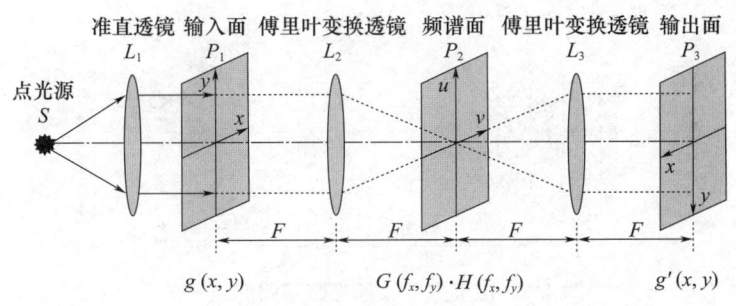

图 4.7 4F 光学信息处理系统

(1) 照明：通过单色点光源 S 经准直透镜 L_1 产生平行光。

(2) 输入：设透明物体的复振幅透过率为 $g(x,y)$，将其置于输入面 P_1（L_2 的前焦面），则入射的单位振幅平行光垂直照射该物体，在输入面 P_1 后的复振幅为 $g(x,y)$。

(3) 分频：在频谱面 P_2（L_2 的后焦面）上得到物体的空间频谱 $G(f_x,f_y)=\mathcal{F}\{g(x,y)\}$。

(4) 滤波：若在频谱面上放置透过率函数为 $H(f_x,f_y)$ 的滤波器，则滤波器后的光场分布等于两个函数的乘积 $G(f_x,f_y)\cdot H(f_x,f_y)$。

(5) 输出：在傅氏透镜 L_3 的后焦面即输出面 P_3 上，可得两个函数乘积的傅里叶变换。在反演坐标系下，输出平面光场的复振幅分布为

$$g'(x,y)=\mathcal{F}^{-1}\{G(f_x,f_y)\cdot H(f_x,f_y)\}=g(x,y)*h(x,y) \tag{4.10}$$

式中：$g'(x,y)$ 是物 $g(x,y)$ 的像；$h(x,y)$ 是透过率函数 $H(f_x,f_y)$ 的逆傅里叶变换，称为滤波器的脉冲响应。从频域来看，系统改变了输入信息的空间频谱结构，这就是空间滤波或频域综合的含义；从空域来看，系统实现了输入信息与滤波器脉冲响应的卷积，完成了所期望的一种变换。

由式(4.8)可知，4F 系统的优势在于不会引入额外的相位因子，由此可以在变换透镜的后焦面上准确地得到物体的频谱，因此在光学信息处理中使用极其广泛。我们在光学微分处理（见实验 4.2）和光学图像相减（见实验 4.3）两个实验中采用三透镜 4F 系统。需要注意的是，实验中所用的激光需要先扩束再准直才能获得平行光，因此实验光路中包含四个透镜：扩束镜、准直透镜和两个傅里叶变换透镜。

2. 准直照明成像光路空间滤波系统

另一种常用的光学信息处理系统是准直照明成像光路空间滤波系统，如图 4.8 所示。这是一种双透镜系统，透镜 L_1 是准直透镜，透镜 L_2 同时起傅里叶变换和成像作用，频谱面在 L_2 的后焦面上，输出平面 P_3 位于输入平面 P_1 的共轭面处。显然，输入平面 P_1 与透镜 L_2 的距离（物距 p）、透镜 L_2 与输出平面 P_3 的距离（像距 q）以及透镜 L_2 的焦距 F 之间满足凸透镜成像公式 $p^{-1}+q^{-1}=F^{-1}$。

与 4F 系统对比，准直照明成像光路空间滤波系统并不要求物距 $p=F$，那么傅里叶变换结果一般会有一个额外的相位因子，以致在变换透镜的后焦面（即频谱面 P_2）上给出的物体频谱并不是物函数准确的傅里叶变换关系，这样理论分析过程会相对复杂。但准直照明成像光路的优势在于少了一个傅里叶变换透镜，从而使光路更为简洁，便于调节共轴；少了一个透镜的吸收，从而光强利用率更高；此外，通过调节物距和像距，可以灵活地控制频谱和像的大小，这方便了空间滤波操作。

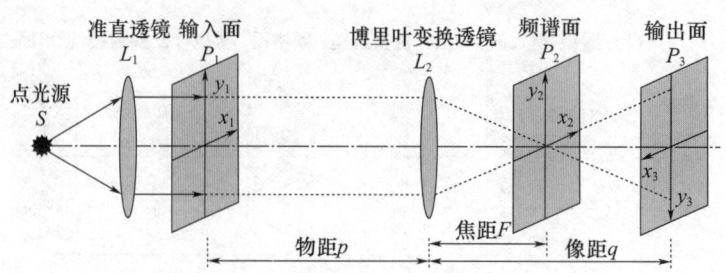

图 4.8 准直照明成像光路空间滤波系统

3. 汇聚照明成像光路空间滤波系统

汇聚照明成像光路空间滤波系统如图 4.9 所示。这也是一种双透镜系统,透镜 L_1 既是照明镜又是傅里叶变换透镜,照明光源 S 与频谱面 P_2 是物像共轭面,空间滤波行为作用在光源 S 的像平面 P_2 上;透镜 L_2 则起第二次傅里叶变换和成像作用,最终在输入面 P_1 关于透镜 L_2 的像平面 P_3 输出空间滤波后的像。

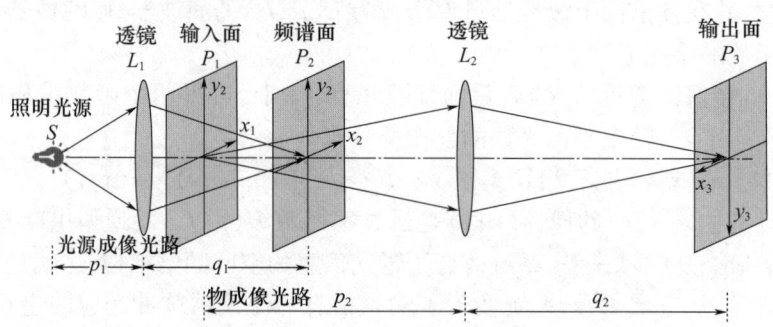

图 4.9 汇聚照明成像光路空间滤波系统

4. 发散照明成像光路空间滤波系统

发散照明成像光路空间滤波系统如图 4.10 所示。这是一个单透镜系统,透镜 L 具有照明和傅里叶变换成像双重功能,因此又称为照明成像共透镜的光源像平面频谱滤波系统。照明光源与频谱面共轭,物面和像面形成另一对共轭面。待分析的对象放在输入面 P_1,滤波行为施加在光源的像平面 P_2,最终输出的图像呈现在像平面 P_3 上。

综合分析以上四种光学信息处理系统,我们会发现一个共性特征,即频谱面是光源的像平面。在正确的频谱面上施加空间滤波行为,才能达到我们利用傅里叶变换分析成像系统的目的。

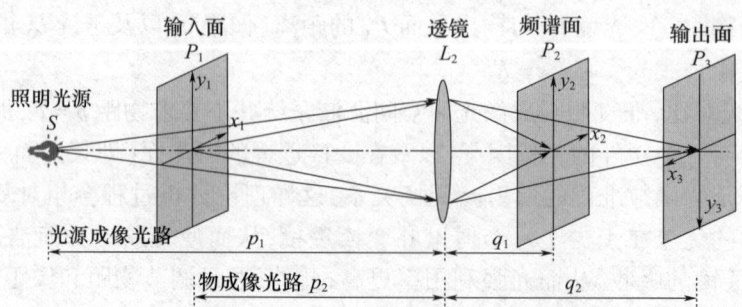

图 4.10 发散照明成像光路空间滤波系统

4.3.2 空间滤波器

在光学信息处理系统中,空间滤波器是位于空间频谱平面上的一种模片,它改变了输入信息的空间频谱,从而实现对输入信息的某种变换。空间滤波器的透过率函数 H 一般是复函数

$$H(f_x,f_y) = A(f_x,f_y)\exp[\mathrm{i}\Phi(f_x,f_y)] \tag{4.11}$$

式中: $A(f_x,f_y)$ 是和空间频率有关的振幅,$\Phi(f_x,f_y)$ 是相位。根据透过率函数的性质,空间滤波器可以分为以下几种。

1. 二元振幅滤波器

这种滤波器的复振幅透过率是 0 或 1,即

$$H(f_x,f_y) = \begin{cases} 1, & \text{透光区域} \\ 0, & \text{不透光区域} \end{cases} \tag{4.12}$$

由二元滤波器所作用的频率区间又可细分为:

(1)中低通滤波器:只允许位于频谱面中心及其附近的低频分量通过(如图4.11(a)所示),可用来滤掉高频噪声;

(2)高通滤波器:阻挡低频分量而允许高频通过(如图4.11(b)所示),可以实现图像的衬度反转或边缘增强;

(3)带通滤波器:只允许特定区间的空间频谱通过(如图4.11(c)),可以去除随机噪声;

(4)方向滤波器:阻挡(或允许)特定方向上的频谱分量通过(如图4.11(d)),可以突出某些方向性特征。

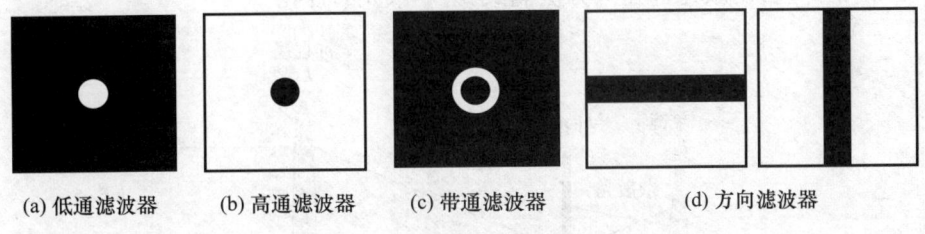

(a) 低通滤波器　　(b) 高通滤波器　　(c) 带通滤波器　　(d) 方向滤波器

图 4.11　常用的二元振幅滤波器

我们举两个二元空间滤波器的应用实例。如图 4.12(a)所示,这是使用二元滤波器实现空间滤波的 $4F$ 系统。平行单色光照射到物面的胶片上,在频谱面上放置空间滤波器,然后在像面观察滤波结果。需要注意的是,$4F$ 系统成的像是等大倒立的像,为了便于比较,在此对像做了旋转。如图 4.12(b)所示,低通滤波器的效果是对图像进行模糊和平滑,减弱了物体边缘可见的快速变化;如图 4.12(c)所示,高通滤波器则实现了图像边缘的增强,这在军事目标识别等应用中具有重要作用。

第二个例子是激光扩束中使用的针孔滤波器。在许多实验中,要求使用纯净的、无杂波的激光束,然而由于反射镜、扩束镜上的瑕疵、灰尘、油污,以及光束经过的空气中悬浮的微粒等,使扩束后的光场中存在许多衍射斑纹,又称相干噪声。为了改善光场质量,使扩束后的激光具有平滑的光强分布,常采用空间滤波即针孔滤波的方法。

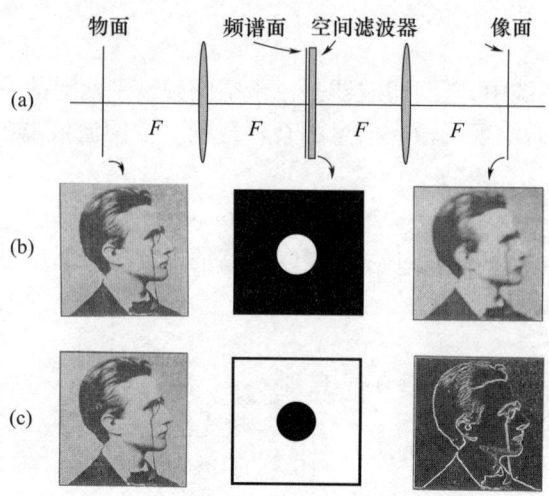

图 4.12 使用二元滤波器的 4F 系统示例

激光束近似具有高斯型振幅或光强分布,如图 4.13 所示,细激光束 Φ_{in} 经过短焦透镜聚焦后,根据傅里叶光学的原理,在透镜后焦面上出现输入光场的傅里叶变换谱,仍然是高斯分布。而实际输入的光束为高斯型分布与噪声函数的叠加,其中噪声函数一般由丰富的高频成分构成,因而可以认为谱面上的噪声谱和信号谱是近似分离的,因此只要选择适当的针孔直径,就可以滤去这些噪声,获得平滑的高斯分布。也就是说,针孔只让激光束中空间零频分量通过,起着低通滤波器的作用。它能限制光束的大小,消除扩束镜及其在扩束以前光束经过的光学元件所产生的高噪声杂散光。针孔滤波器一般是在厚度为 0.5mm 的铟钢片上,用激光打孔的方法制成 5~30μm 的针孔。

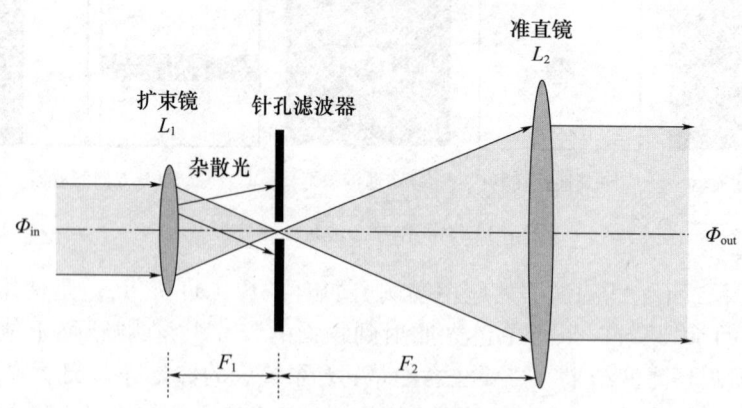

图 4.13 激光扩束使用的针孔滤波器

2. 振幅滤波器

这种滤波器仅改变各频率成分的相对振幅分布,而不改变其相位分布。振幅滤波器的相位是常量,振幅随空间变化,其数学形式可表示为 $H(f_x,f_y) = A(f_x,f_y)\exp[i\Phi_0]$。通常是使感光胶片上的透过率变化正比于 $A(f_x,f_y)$,从而使透过光场的振幅得到改变。为了做到这一点,必须按一定的函数分布来控制底片的曝光量分布。

3. 相位滤波器

这种滤波器只改变空间频谱的相位,不改变它的振幅分布。相位滤波器的振幅是常量,相位随空间变化,其数学形式可表示为 $H(f_x,f_y) = A_0\exp[i\Phi(f_x,f_y)]$。由于相位滤波器不衰减入射光场的能量,因此具有很高的光学效率。这种滤波器通常用真空镀膜的方法得到,在基片上不同空间位置镀上不同厚度或不同材料的膜从而得到一些浮雕;或者在基片上先镀上光刻胶,然后用刻蚀出一定的深度得到浮雕。但由于工艺方法的限制,要得到复杂的相位变化是很困难的。

4. 复数滤波器

复数滤波器的滤波函数是复函数式(4.11),它对各种频率成分的振幅和相位都同时起调制作用。由于光学全息可以记录某一物光波的振幅和相位信息,1963 年,范德拉格特用全息方法发展出复数空间滤波器,1965 年,罗曼和布劳恩用计算全息技术制作成复数滤波器,从而克服了以往制作空间滤波器的重大障碍。

4.3.3 光学图像相减

图像相减是求两张相近照片的差异,从中提取差异信息的一种运算。通过在不同时期拍摄的两张照片相减,在军事上可以发现地面军事设施的增减;在医学上可用来发现病灶的变化;在农业上可以预测农作物的长势;在工业上可以检查集成电路掩膜的疵病等。还可用于地球资源探测、气象变化以及城市发展研究等领域。图像相减是相干光学处理中的一种基本的光学—数学运算,是图像识别的一种主要手段。实现图像相减的方法很多,本节介绍最常用的利用正弦光栅作为空间滤波器来实现图像相减的方法。

如图 4.14 所示,采用 4F 系统实现光学图像的相减。将正弦光栅置于 4F 系统的滤波平面 P_2 上,其中正弦光栅的复振幅透过率为

$$H(f_x,f_y) = \frac{1}{2} + \frac{1}{2}\cos(2\pi f_0 u + \varphi_0)$$
$$= \frac{1}{2} + \frac{1}{4}\exp[i(2\pi f_0 u + \varphi_0)] + \frac{1}{4}\exp[-i(2\pi f_0 u + \varphi_0)] \quad (4.13)$$

式中:f_0 为光栅空间频率(例如,每毫米 100 线的光栅的空间频率为 100mm^{-1});频域宗量 $f_x = u/(\lambda F)$,$f_y = v/(\lambda F)$;其中 F 为傅里叶变换透镜的焦距;φ_0 表示光栅条纹的初相位,它决定了光栅相对于坐标原点的位置。

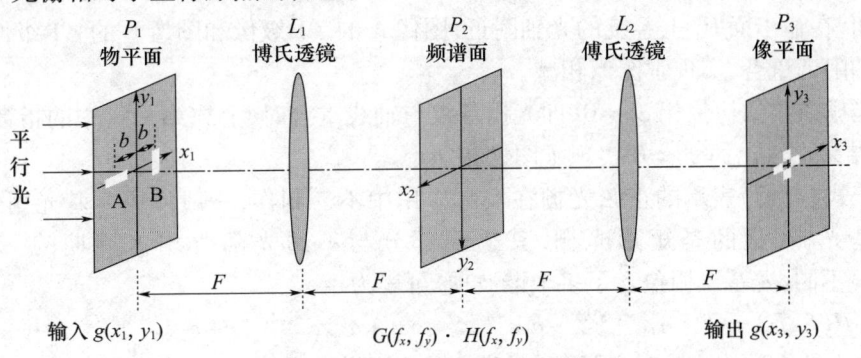

图 4.14 光栅实现图像相减

将图像 A 和图像 B 置于输入面 P_1 上,且沿 x 方向相对于坐标原点对称放置,图像中心与光轴的距离均为 b。选择光栅的频率 f_0 满足 $b = \lambda F f_0$,即 $f_0 u = f_x b$,以后我们会看到,这一条件保证了滤波后两图像中 A 的 +1 级像和 B 的 -1 级像能恰好在光轴处重合。于是,输入场分布可写成:

$$g(x,y) = g_A(x-b,y) + g_B(x+b,y) \tag{4.14}$$

在频谱面 P_2 上输入图像的频谱为

$$\begin{aligned}G(f_x,f_y) &= G_A(f_x,f_y) \cdot \exp(-\mathrm{i}2\pi f_x b) + G_B(f_x,f_y) \cdot \exp(\mathrm{i}2\pi f_x b)\\
&= G_A(f_x,f_y) \cdot \exp(-\mathrm{i}2\pi f_0 u) + G_B(f_x,f_y) \cdot \exp(\mathrm{i}2\pi f_0 u)\end{aligned} \tag{4.15}$$

经光栅滤波后的频谱为

$$\begin{aligned}H(f_x,f_y)G(f_x,f_y) = &\frac{1}{4}[G_A(f_x,f_y)e^{\mathrm{i}\varphi_0} + G_B(f_x,f_y)e^{-\mathrm{i}\varphi_0}]\\
&+ \frac{1}{2}[G_A(f_x,f_y)e^{-\mathrm{i}2\pi f_x b} + G_B(f_x,f_y)e^{\mathrm{i}2\pi f_x b}]\\
&+ \frac{1}{4}[G_A(f_x,f_y)e^{-\mathrm{i}(4\pi f_x b + \varphi_0)} + G_B(f_x,f_y)e^{\mathrm{i}(4\pi f_x b + \varphi_0)}]\end{aligned} \tag{4.16}$$

再通过透镜 L_2 进行逆傅里叶变换(取反演坐标系统),在输出平面 P_3 上的光场为

$$\begin{aligned}g'(x,y) = &\frac{1}{4}e^{\mathrm{i}\varphi_0}[g_A(x,y) + g_B(x,y)e^{-\mathrm{i}2\varphi_0}]\\
&+ \frac{1}{2}[g_A(x-b,y) + g_B(x+b,y)]\\
&+ \frac{1}{4}[g_A(x-2b,y)e^{-\mathrm{i}\varphi_0} + g_B(x+2b,y)e^{\mathrm{i}\varphi_0}]\end{aligned} \tag{4.17}$$

当光栅条纹的初位相 $\varphi_0 = \pi/2$,即光栅条纹偏离轴线 1/4 周期时,上式第一项中的因子 $e^{-\mathrm{i}2\varphi_0} = -1$,于是式(4.17)变为

$$\begin{aligned}g'(x,y) = &\frac{1}{4}[\underbrace{g_A(x,y)}_{\text{A的+1级}} - \underbrace{g_B(x,y)}_{\text{B的-1级}}]\\
&+ \frac{1}{2}[\underbrace{g_A(x-b,y)}_{\text{A的0级}} + \underbrace{g_B(x+b,y)}_{\text{B的0级}}]\\
&+ \frac{\mathrm{i}}{4}[-\underbrace{g_A(x-2b,y)}_{\text{A的-1级}} + \underbrace{g_B(x+2b,y)}_{\text{B的+1级}}]\end{aligned} \tag{4.18}$$

结果表明,在输出面 P_3 上系统的光轴附近,图像 A 的 +1 级像和图像 B 的 -1 级像在上系统的光轴附近重合,实现了图像相减。

当光栅条纹的初位相 $\varphi_0 = 0$,即光栅条纹与轴线重合时,上式第一行中的指数因子均等于 1,结果在输出面 $\varphi_0 = 0$ 实现了图像相加。

由于式(4.13)表示的正弦光栅在实际应用中不易制作,一般使用龙基光栅来替代。所谓龙基光栅,指的是矩形光栅,其透光部分与不透光部分均占周期的一半。与式(4.13)不同,龙基光栅包含了多个谐波项,可表为

$$H(f_x,f_y) = a_0 + a_1 e^{\mathrm{i}(2\pi f_x b)} + a_2 e^{\mathrm{i}(4\pi f_x b)} + \cdots + a_{-1}e^{-\mathrm{i}(2\pi f_x b)} + a_{-2}e^{-\mathrm{i}(4\pi f_x b)} + \cdots \tag{4.19}$$

当二级以上的系数均为 0 时,就回到正弦光栅的情形。式(4.19)中除 0 级项和一级项外,还出现高级项。它对输入信号滤波的结果是生成多个相减图形周期排列,逐渐衰减。

4.3.4 光学微分处理

光学微分是一种重要的光学—数学运算。例如,在图像识别技术中,突出图像边缘是一种重要的识别方法。人们视觉对于边缘比较敏感,因此对于一张比较模糊的图像,由于突出了其他边缘轮廓而变得易于识别。为了突出图像的边缘轮廓,我们可以用空间滤波的方法,去掉低频而突出高频,从而使图像的轮廓突出。

本节采用4F系统对输入图像进行空间微分处理,从而描绘出图像的轮廓的边缘。其原理是利用全息复合光栅使待处理图像生成两个相互稍微错位的像,然后通过改变两个图像的相位让其重叠部分相减,而留下由于错位而形成的边沿部分,从而实现图像边缘增强的效果。从数学角度来说,就是用差分代替微分。全息复合光栅的振幅透射率函数为

$$H(f_x) = A - B\{\cos[2\pi f_0 u] + \cos[2\pi (f_0 + \Delta f)u]\}$$
$$= A - B\{\exp(\mathrm{i}2\pi f_0 u) + \exp(-\mathrm{i}2\pi f_0 u)$$
$$+ \exp[\mathrm{i}2\pi (f_0 + \Delta f)u] + \exp[-\mathrm{i}2\pi (f_0 + \Delta f)u]\}$$

若将全息复合光栅置于频谱面,对于输入面上复振幅为$g(x,y)$的图像,经计算,在输出面的复振幅为

$$g'(x,y) \propto Ag(x,y) - B\{g(x - f_0\lambda F, y) + g(x + f_0\lambda F, y)\}$$
$$- B\{g[x - (f_0 + \Delta f)\lambda F, y] + g[x + (f_0 + \Delta f)\lambda F, y]\} \quad (4.20)$$

一维正弦光栅透射光波的复振幅分布为

$$A - B\cos 2\pi f_0 x = A - \frac{B}{2}\exp(\mathrm{i}2\pi f_0 x) - \frac{B}{2}\exp(-\mathrm{i}2\pi f_0 x) \quad (4.21)$$

式(4.20)与式(4.21)相比较可知:P_3平面上物频谱受到了两个一维正弦光栅的调制,即其复振幅分布相当于由两个一维正弦光栅产生。

当其受到第一次记录的光栅调制后,在输出面P_3上至少可得到三个清晰的衍射像,其中零级衍射像位于xoy平面的原点,即$x=0$处;正、负一级衍射像则沿x轴对称分布于y轴两侧,距离原点的距离为$x = f_0\lambda F$。同样,受第二次记录的光栅调制后,在输出面上将得到另一组衍射像,其中零级衍射像仍位于坐标原点与前一个零级像重合,正、负一级衍射像也沿x轴对称分布于原点两侧,但与原点的距离为$x' = f'_0\lambda F$。由于$\Delta f = f'_0 - f_0$很小,故x与x'的差$\Delta x = \Delta f\lambda F$也很小,从而使两个对应的±1级衍射像几乎重叠,沿$x$方向只错开了很小的距离$\Delta x$。

如图4.15所示,实线表示第一次由$f_0 = 100$线/mm的光栅产生的衍射像,虚线表示第二次由$f'_0 = 102$线/mm的光栅产生的衍射像,两者产生的中央零级衍射像位于坐标原点互相重合。由于Δx比起图形本身的尺寸要小很多,当复合光栅微微平移一适当的距离Δl时,由此引起两个一级衍射像的相移量分别为

$$\Delta\varphi_1 = 2\pi f_0\Delta l, \quad \Delta\varphi_2 = 2\pi f'_0\Delta l \quad (4.22)$$

导致两者之间有一附加相位差

$$\Delta\varphi = \Delta\varphi_2 - \Delta\varphi_1 = 2\pi\Delta f\Delta l \quad (4.23)$$

令$\Delta\varphi = \pi$得:

$$\Delta l = \frac{1}{2\Delta f} \quad (4.24)$$

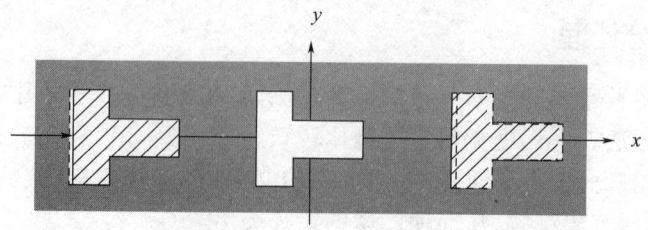

图 4.15　在输出面上得到图像微分的原理示意图

这时两个一级衍射像正好相差 π 位相，相干叠加时两者的重叠部分（如图 4.15 中的阴影部分）相消，只剩下错开的图象边缘部分，从而实现了边缘增强。转换成强度分布时形成亮线，构成了光学微分图形，如图 4.16 所示。

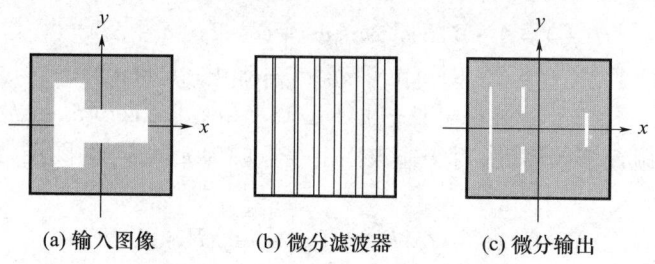

图 4.16　沿 x 方向光学微分处理过程示意图

光栅放置时，狭缝的方向不同，得到的微分图形也不同，若将图 4.16 中的复合光栅狭缝在面内旋转 90°，微分图形就变为图 4.17 中沿 y 方向的微分图形。

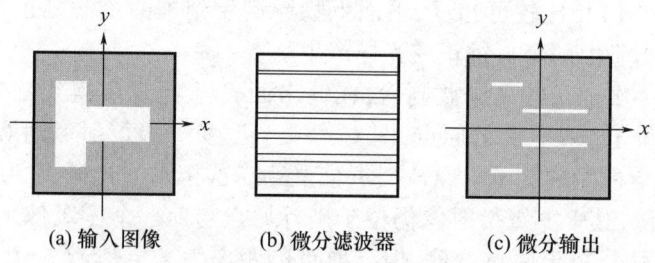

图 4.17　沿 y 方向光学微分处理过程示意图

4.3.5　θ 调制空间假彩色编码

一张黑白图像有相应的灰度分布。人眼对灰度的识别能力是不高的，最多有 15~20 个层次。但是人眼对色度的识别能力却很高，可以分辨数十种乃至上百种色彩。若能将图像的灰度分布转化为彩色分布，势必大大提高人们分辨图像的能力，这项技术称为光学图像的假彩色编码。假彩色编码方法有若干种，按其性质可分为等空间频率假彩色编码和等密度假彩色编码两类；按其处理方法则可分为相干光处理和白光处理两类。

等空间频率假彩色编码是对图像的不同空间频率赋予不同颜色，从而使图像按空间频率的不同显示不同的色彩；等密度假彩色编码则是对图像的不同灰度赋予不同的颜色。前者用以突出图像的结构差异，后者则用来突出图像的灰度差异，以提高对黑白图像的视判读能力。黑白图片的假彩色化已在遥感、生物医学和气象等领域的图像处理中得到广泛应用。

下面介绍采用白光进行等空间频率假彩色编码。对于一幅图像的不同区域分别用取向不同(方位角 θ 不同)的光栅预先进行调制,并将其放入光学信息处理系统中的输入面,用白光照明,则在其频谱面上,不同方位的频谱均呈彩虹颜色。如果在频谱面上开一些小孔,则在不同的方位角上,小孔可选取不同颜色的谱,最后在信息处理系统的输出面上便得到所需的彩色图像。由于这种编码方法是利用不同方位的光栅对图像不同空间部位进行调制来实现的,故称为 θ 调制空间假彩色编码。具体编码过程如下。

(1)制备样品:物的样品如图 4.18(a)所示,若要使其中草地、天安门和天空 3 个区域呈现 3 种不同的颜色,可用空间频率为 $f_0 = 100$ 线/mm 的黑白光栅进行剪裁拼接,其中天空用条纹左倾 45°的光栅制作,天安门用条纹右倾 45°的光栅制作,地面用条纹竖直的光栅制作;也可在一胶片上曝光 3 次,每次只曝光其中一个区域(其他区域被挡住),并在其上覆盖某取向的光栅,3 次曝光分别取 3 个不同取向的光栅,将这样获得的调制片经显影、定影处理即可。

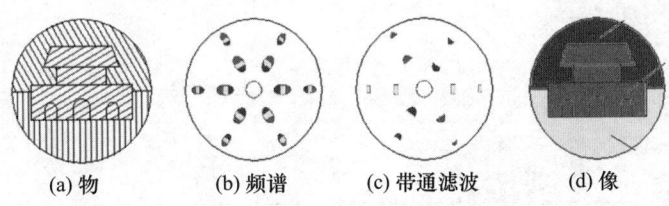

图 4.18 θ 调制空间假彩色编码示意图

(2)照明、分频:将样品置于处理光路的输入平面,用平行白光照明。由于物被不同取向的光栅所调制,所以在频谱面上得到的将是取向不同的带状谱(均与其光栅线垂直),物的 3 个不同区域的信息分布在 3 个不同的方向上,互不干扰。因此,在频谱面上得到的是三个取向不同的光栅衍射斑,如图 4.18(b)所示。由于用白光照明和光栅的色散作用,除 0 级保持为白色外,±1 级、±2 级等衍射斑展开为彩色带,同一级衍射斑蓝色靠近中心,红色在外。

(3)带通滤波:使用打孔的光屏作为空间滤波器。如图 4.18(c)所示,在 0 级中心斑点位置、右倾 45°方向的 ±1 级、±2 级衍射斑的蓝色部分、左倾 45°方向的 ±1 级、±2 级衍射斑的红色部分、水平方向的 ±1 级、±2 级衍射斑的黄色部分分别打孔进行带通滤波。

(4)成像输出:最终,如图 4.18(d)所示,在像平面上将得到蓝色天空、红色天安门、黄色土地的图案。

4.4 实验项目

光学信息处理实验共设计 4 个实验项目,分别是阿贝成像原理和空间滤波实验、光学微分处理实验、光学图像相减实验、θ 调制空间伪彩色编码实验。希望通过这些实验,让大家对透镜的傅里叶变换性质、傅里叶空间频谱、空间滤波等光学信息处理技术有更深刻的理解。

实验 4.1　空间滤波实验

【实验目的】

1. 理解阿贝成像原理及空间滤波原理。
2. 掌握阿贝 – 波特实验过程,加深对傅里叶光学中空间频率、空间频谱和空间滤波的理解,初步了解简单的空间滤波在光学信息处理中的应用。

【实验仪器】

激光器(波长 650nm,功率 10mW)、透镜(ϕ 6mm, f 9.8mm)、准直透镜(ϕ 40mm, f 100mm)、二维光栅字(ϕ 40mm)、透镜(ϕ 50mm, f 150mm)、滤波器组件、CCD 相机、可调衰减器、光学导轨等。

【实验内容】

1. 搭建阿贝 – 波特空间滤波实验成像光路。
2. 完成方向滤波、低通和高通滤波实验,观察不同频谱对应成像的影响。

【实验步骤与观察记录】

实验整体光路如图 4.19 所示。

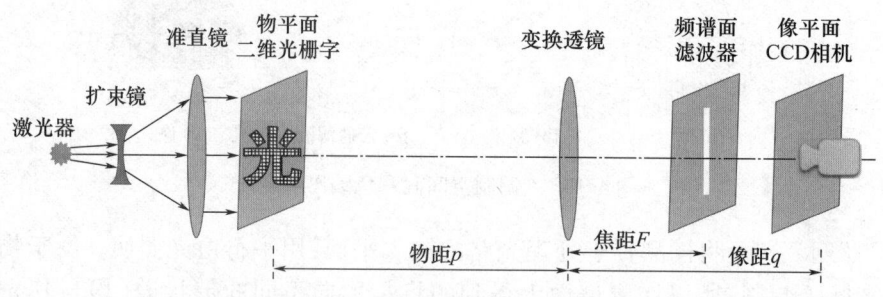

图 4.19　空间滤波光路示意图

1. 安装激光器。打开激光器电源,调整激光器高度及俯仰角至激光与台面平行。

调整方法:靠近激光器安装白屏,选一适当高度的白屏刻线作为参考,调整激光器让激光与白屏刻线中心同高,将白屏移动远处,再次调整激光器让激光与刻线中心同高,按此法反复两次调整,使激光在近处和远处均能打在参考高度位置,视为激光器调整完成,激光与台面平行,然后固定激光器。

2. 安装扩束透镜。激光光束通过扩束镜进行扩束,得到较大光斑,上下调整其支杆,使扩束光斑中心与近处白屏的参考中心(白屏的刻线中心位置)重合,然后固定扩束镜。

3. 安装准直透镜。上下调整其支杆使入射光中心从变换透镜中心通过,再调整位置,距离扩束镜大概 90mm(共焦调整),观察到光束在近处和远处打到白屏上的光斑大小不变,即可获得平行光,然后固定。

4. 安装光栅字。把光栅字安装在光学导轨上并尽可能靠近准直透镜,上下调整其支杆,使光斑正入射"光"字,然后固定。

5. 安装变换透镜($F = 150$mm)。上下调整其支杆使入射"光"字从变换透镜中心通过,变换透镜距离光栅字约 400mm(物距 $p > 2F$),此时在变换透镜后焦面(即频谱面)上可以看到光栅字的点阵频谱,然后固定。

6. 安装相机。根据薄透镜成像公式计算像距 q,初步确定 CCD 相机位置。微调相机前后位置,即可获取二维光栅字的清晰像。

7. 安装滤波器。滤波器初步放在变换透镜的后焦面处,前后微调滤波器位置直至找到清晰的频谱点;上下调整其支杆使入射光中心与"缝"或"孔"同高,选择变换透镜的频谱面即可实现滤波。

8. 选择滤波器中的"缝"在频谱面水平放置,使包括 0 级在内的一排点通过,观察并记录"光"的像变化。

9. 将滤波器中的"缝"旋转 90°竖直放置,使包括 0 级在内的一排点通过,观察并记录像面的图像变化。

10. 将滤波器中的"缝"调整 45°,使包括 0 级在内的一排倾斜点通过,观察并记录像面的图像变化。

11. 将滤波器中的"孔"放置在频谱面,只让 0 级点通过,观察并记录像面图像变化。

12. 将滤波器中的"孔"放置在频谱面,调整孔位置,可以选择通过某些高频信号,观察并记录像面的图像变化。

注意:

1. 如果实验过程中遇到激光较强,可以将可调衰减器加上,调整激光强度。

2. 实验中使用的"光"字是用空间频率为 10L/mm 的正交光栅调制的,步骤 5 中在变换透镜的频谱面上会形成光栅衍射的离散频谱点,其排列方向垂直于光栅栅线的方向,可以根据目标物(光栅字)分析频谱。

【实验总结与思考】

观察分析方向滤波、低通滤波的实际成像效果,总结对频谱函数进行调制处理,得到不同的输出像,达到光学信息处理的效果。

实验 4.2　光学微分处理实验

【实验目的】

1. 掌握用复合光栅对光学图像进行微分处理的原理和方法。

2. 初步领会空间滤波的意义,初步了解相干光学处理中常用的的 4F 系统,加深对光学信息处理实质的理解。

【实验仪器】

激光器(波长 650nm,功率 10mW)、透镜(ϕ 6mm,f 9.8mm)、准直透镜(ϕ 40mm,f 100mm)、图像微分目标物、变换透镜 2 个(ϕ 50mm,f 150mm)、双频光栅(100~102L/mm)、和白屏组件、光学导轨等。

【实验内容】

1. 完成图像光学微分处理 4F 系统光路搭建。

2. 完成利用复合光栅进行图像光学微分处理实验,观测对图像微分后突出其边缘轮廓的效果。

【实验步骤与数据记录】

实验整体光路如图 4.20 所示。

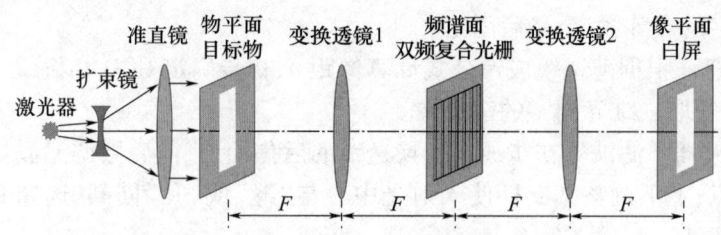

图 4.20　光学图像微分实验的 4F 系统光路示意图

1. 安装激光器,打开激光器电源,调整激光器的俯仰角使激光与光学导轨平行、调节激光器高度至合适高度。

调整方法:激光器放置在光学实验导轨的一端,靠近激光器安装白屏,选一适当高度的白屏刻线作为参考,调整激光器让激光与白屏刻线中心同高,将白屏移动远处,再次调整激光器让激光与刻线中心同高,按此法反复两次调整和俯仰,使激光在近处和远处均能打在参考高度位置,视为激光器调整完成,激光器出射的激光光束平行于光学实验导轨,然后固定激光器。

2. 安装扩束镜,调整其支杆和其上面的二维调节旋钮,使扩束光斑中心与近处白屏的参考中心(白屏的刻线中心位置)重合,扩束镜与激光光束同轴等高,然后固定扩束镜。

3. 安装准直镜,上下调整其支杆使入射光中心从变换透镜中心通过,再调整位置距离扩束镜大概 90mm(共焦调整),观察到光束在近处和远处打到白屏上的光斑大小不变,即可获得平行光,然后固定。

4. 安装图像微分目标物(透明图像,刀片),位置尽可能靠近准直镜,上下调整其支杆使光斑正入射,然后固定。

5. 安装变换透镜 1 和变换透镜 2,通过上下调整支杆使入射光中心从变换透镜中心通过,保持透镜与激光光束同轴等高。调整位置,变换透镜 1 距离微分目标物约 150mm,变换透镜 2 距离变换透镜 1 约 300mm,然后固定。

6. 安装微分滤波器(双频光栅),上下调整其支杆使光斑正入射,调整位置距离变换透镜 1 约 150mm(即频谱面),然后固定。调整白屏在透镜 2 后约 150mm 处。

7. 通过旋转位移架上的旋钮,使得微分滤波器(双频光栅)发生位移,观察白屏上的图像的变化,直到在白屏上出现微分图像(像的边缘增强)为止。

注意:

本实验采用 $f_0 = 100 \text{L/mm}, f'_0 = 102 \text{L/mm}$ 组成的复合光栅作为微分滤波器,其莫尔条纹频率 $\Delta f = 2 \text{L/mm}$。

【实验总结与思考】

本实验采用的光学微分原理与图像加减实验的实验原理在本质上有何异同?

实验 4.3　光学图像相减实验

【实验目的】

1. 熟悉正弦光栅的透过率函数。
2. 加深对傅里叶光学相移定理和卷积定理的认知。
3. 掌握光学图像相减的原理,实现图像相减,加深对空间滤波概念的理解。

【实验仪器】

激光器（波长650nm,功率10mW）、扩束透镜（ϕ6mm,f9.8mm）、准直透镜（ϕ40mm,f100mm）、图像相减目标物、变换透镜2个（ϕ50mm,f150mm）、一维正弦光栅（100L/mm）、白屏、光学导轨等。

【实验内容】

1. 完成光学图像相减4F系统光路搭建。
2. 完成利用正弦光栅作滤波器,对图像进行相加和相减实验。

【实验步骤与数据记录】

实验整体光路如图4.21所示。

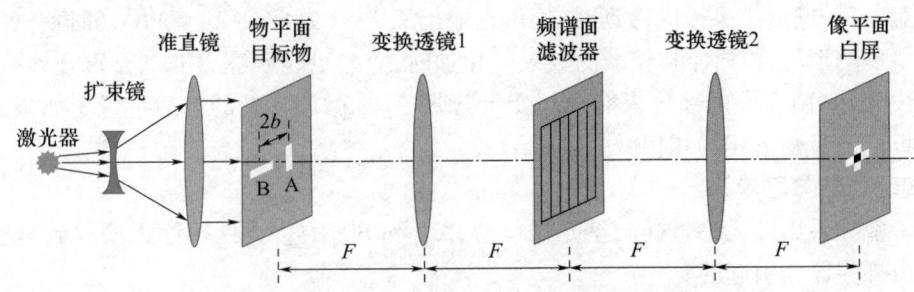

图4.21 光学图像相减实验的4F系统光路示意图

1. 安装激光器,打开激光器电源,调整激光器高度及俯仰角激光光束与导轨平行。

调整方法：激光器放置在光学实验导轨的一端,靠近激光器安装白屏,选一适当高度的白屏刻线作为参考,调整激光器让激光与白屏刻线中心同高,将白屏移动远处,再次调整激光器让激光与刻线中心同高,按此法反复两次调整和俯仰,使激光在近处和远处均能打在参考高度位置,视为激光器调整完成,激光器出射的激光光束平行于光学实验导轨,然后固定激光器。

2. 安装扩束镜,调整其支杆和其上面的二维调节旋钮,使扩束光斑中心与近处白屏的参考中心（白屏的刻线中心位置）重合,扩束镜与激光光束同轴等高,然后固定扩束镜。

3. 安装准直镜,上下调整其支杆使入射光中心从变换透镜中心通过,再调整位置距离扩束镜大概90mm（共焦调整）,观察到光束在近处和远处打到白屏上的光斑大小不变,即可获得平行光,然后固定。

4. 安装图像相减目标物,位置尽可能靠近准直镜,上下调整其支杆使光斑正入射,然后固定。

说明：本实验采用两个透光的长条孔作为待加减图形,其中图形孔A竖放,图形孔B水平横放,如图4.21所示,两者中心相距为2b。为使其零级像和一级像能分开,距离b必须大于图形的长边,仪器用具里已提供。光栅规格的选取,要使其空间频率满足$f_0 = b/(\lambda F)$。为此,宜综合考虑f_0的值,使之与所用透镜焦距f和图像间距协调。f_0值过大将使b值过大,图像摆放不便,故f_0值宜取小一些。该仪器配到的光栅$f_0 = 100$L/mm,$F = 150$mm,$\lambda = 650$mm,则$b \approx 9.5$mm。

5. 安装变换透镜1和变换透镜2,通过上下调整支杆使入射光中心从变换透镜中心通过,保持透镜与激光光束同轴等高。调整位置,变换透镜1距离相减目标物约150mm,

变换透镜 2 距离变换透镜 1 约 300mm，然后固定。

6. 安装一维光栅到可精细调节支座上，上下调整其支杆使光斑正入射，调整位置距离变换透镜 1 约 150mm（即频谱面），然后固定。调整白屏在透镜 2 后约 150mm 处。

说明：将准备好的光栅（100L/mm）按其栅线竖向垂直置于透镜 1 的后焦面上，光栅配备精密移动台，在白屏上观察其对相减图形 A 的 +1 级衍射像 A_{+1} 和对图形 B 的 -1 级衍射像 B_{-1}，使 A_{+1} 和 B_{-1} 的中心重合于光轴上。若 A_{+1} 和 B_{-1} 的中心重合不好，可稍微调节图形 A、B 的相对位置，并且前后微调光栅是否准确在光路频谱面的位置上。

7. 通过旋转位移架上的旋钮，使一维光栅发生位移，观察白屏上的图像的变化，直到在白屏上出现加减图像为止。

注意：令光栅沿水平横向微动时，便可在输出面 P_3 上观察到 A_{+1} 和 B_{-1} 的重合处周期地交替出现图形 A、B 相加和相减的效果。相加时，重合处特别亮，相减时，重合处变得全黑，如果相减时图案叠加部分未能全部变黑，则进一步微调光栅的前后位置。如果需要，可用干板记录下图形相加和相减的实验结果。

【实验总结与思考】

实验中如果出现无论怎样调整光栅位置，A_{+1} 和 B_{-1} 的重合处始终无法得到全黑，这可能是由哪些原因引起的？

实验 4.4　θ 调制空间假彩色编码实验

【实验目的】

1. 掌握 θ 调制假彩色编码的原理，巩固和加深对光栅衍射基本理论的理解。

2. 学会用 θ 调制进行空间假彩色编码的方法，并作出相应的实验结果，加深对阿贝二次成像理论和空间频率滤波的理解。

【实验仪器】

LED 白光光源、准直透镜（ϕ 40mm，f 100mm）、三方向天安门光栅（100L/mm）、变换透镜（ϕ 50mm，f 150mm）、θ 调制滤波器组件、白屏、光学导轨等。

【实验内容】

1. 搭建 θ 调制空间假彩色编码成像光路。

2. 观察 θ 调制滤波成像实验的假彩色编码图像。

【实验步骤与数据记录】

实验整体光路如图 4.22 所示。

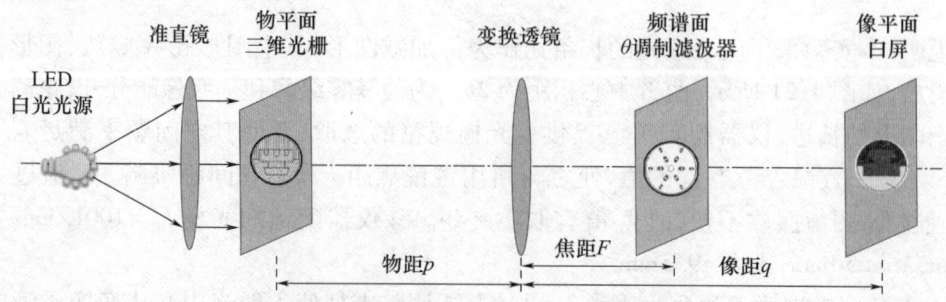

图 4.22　θ 调制空间假彩色编码实验的光路示意图

1. 安装 LED 白光光源,打开电源,对 LED 高度及俯仰角进行调整。

调整方法:靠近 LED 光源安装白屏,选一适当高度的白屏刻线作为参考,调整 LED 让光束与白屏刻线中心同高,将白屏移到远处,再次调整 LED 让光束与刻线中心同高,按此法反复两次调整和俯仰,使光束在近处和远处均能打在参考高度位置,视为 LED 调整完成,LED 出光口正对前方(后续光路偏移可以需要微调),然后将其固定在导轨上。

2. 安装准直镜,上下调整其支杆,使入射光中心通过透镜中心,让准直镜中心基本与 LED 的出光口位置同高,然后调整准直镜到 LED 出光口位置约 100mm,可以在导轨另外一端的白屏上看到约 40mm 大小的光斑,当移动光屏、光斑大小不变,此时基本准直光路,获得平行光。

3. 插入倒置的天安门光栅,位置靠近准直镜,上下调整其支杆,使光斑正入射,然后将其固定。

4. 安装变换透镜($F=150mm$),上下调整其支杆使入射光尽可能从透镜 1 中心通过,调整透镜 1 距离天安门光栅距离 p 约 200mm($F<p<2F$),然后将其固定。

5. 根据薄透镜成像公式($p^{-1}+q^{-1}=F^{-1}$)计算像距 q,初步确定白屏位置。前后移动白屏,直到在白屏上找到天安门清晰的像,此时没有滤波可以看到天安门的边缘。

6. 安装滤波器,位置调整到变换透镜的后焦面上,选择变换透镜的频谱面即可实现滤波。

7. 根据预想的各部分图案所需要的颜色,调整滤波器上的三组光,在天安门对应的一组谱点中,让这组频谱的红色通过,在草地对应的一组谱点中让绿色通过,天空对应的频谱中让蓝色通过。记录在白屏上观察经编码得到的假彩色像。

注意:

在实验过程中,可以使用已提供的 θ 调制滤波器,也可以在实验室中找一张硬纸片,将硬纸片放在频谱面上并分别标记三个方向需要滤波的颜色,然后在标记点扎孔,重新放回频谱面,即可观察滤波效果。

【实验总结与思考】

1. 用白光照明观察彩色像时,大部分光能是向四周辐射损失掉了,光能利用率低,有什么解决方法?

2. 在实验过程中,输出像出现颜色不纯现象,主要是什么原因?

参考文献

1. 赵凯华. 新概念物理教程·光学[M]. 北京:高等教育出版社,2004.
2. 梁铨廷. 物理光学. 第5版[M]. 北京:电子工业出版社,2018.

第 5 章　光纤传感实验

光纤传感实验包括 4 个实验项目,内容涵盖了基于光纤和光纤光栅的温度和应力传感的基本现象及其应用。通过本章实验的学习,使学生建立清晰的光纤传光物理图像,明白光纤传感基本原理,理解光纤热光和弹光效应机理,熟练掌握光纤切割、光纤熔接等基本操作技能,深刻认识光纤光栅的基本功能,了解光纤传感技术在生产生活、国防军事等方面的应用。

5.1　引言

光纤传感技术始于 1977 年,伴随光纤通信技术的发展而迅速发展起来,光纤传感技术是衡量一个国家信息化程度的重要标志。光纤传感包含对外界信号的感知和传输两种功能。所谓感知,是指外界信号按照其变化规律使光纤中传输的光波物理特征参量,如强度、波长、频率、相位、偏振态等发生变化,即"感知"外界信号的变化,这种"感知"实质上是外界信号对光纤中传播光波的实时调制。所谓传输,是指光纤将受到外界信号调制的光波传输到光探测器进行检测,将外界信号从光波中提取出来并按需要进行数据处理,也就是解调。因此,光纤传感技术包括调制与解调两方面的技术,即外界信号如何调制光纤中光波参量的调制技术,以及如何从被调制的光波中提取外界信号的解调技术。光纤传感技术已广泛用于军事、国防、航天航空、工矿企业、能源环保、工业控制、医药卫生、计量测试、建筑、家用电器等领域,有着广阔的市场前景。世界上已有光纤传感技术上百种,诸如温度、压力、流量、液位、位移、速度、加速度、振动、转动、弯曲、声场、电流、电压、磁场及辐射等物理量都实现了不同性能的传感。

5.2　光纤传感基本原理

对光纤传光机理的理解主要有两种,一种是几何光学的理解,另一种是波动光学的理解,下面分别进行介绍。

5.2.1　几何光学理论

几何光学对光纤传光的机理分析较为简单,其基本原理是基于光的全反射定律,而在光纤中实现全反射主要采用如下两种方法,如图 5.1 所示。

阶跃型光纤如图 5.1(a)所示,采用光纤芯的折射率高于包层折射率的阶跃型分布来实现入射光的临界角 θ_c:

$$\theta_c = \arcsin \frac{n_2}{n_1} \tag{5.1}$$

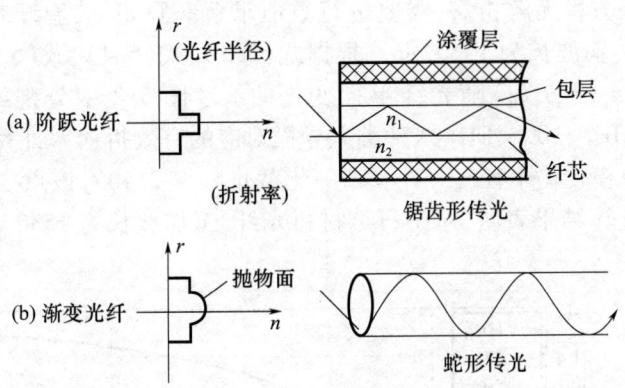

图 5.1 光纤传光机理

式中:n_1 为纤芯折射率,n_2 为包层折射率,入射光的入射角大于 θ_c 时,传输的光就发生全反射而实现锯齿形传光,这是光通信中光纤传光的基本形式。

渐变型光纤如图 5.1(b)所示,在拉制光纤芯时,采用离子交换法,使纤芯折射率呈渐变分布:

$$n(r) = n_1 \left[1 - 2\Delta \left(\frac{r}{a} \right)^\alpha \right]^{\frac{1}{2}} \tag{5.2}$$

式中:$\Delta = \frac{n_1 - n_2}{n_1}$,$a$ 为光纤纤芯半径,α 为折射率分布指数。当 $\alpha = 2$ 时,$n(r)$ 呈抛物线分布,这样光在光纤中传输呈蛇形向前,从而减少光纤中反射次数,降低传输光损耗,并使脉冲展宽变小,提高传光信息容量,但这种光纤成本高。

5.2.2 波动光学理论

对于玻璃和空气两层圆柱形波导结构光纤,考虑边界条件,可得到光纤导波模的特征方程为

$$\left[\frac{J'_m(U)}{UJ_m(U)} + \frac{K'_m(W)}{WK_m(W)} \right] \left[\frac{n_1^2 J'_m(U)}{UJ_m(U)} + \frac{n_2^2 K'_m(W)}{WK_m(W)} \right] = \left(\frac{m\beta}{k_0} \right)^2 \left(\frac{V}{UW} \right)^4 \tag{5.3}$$

式中:n_1 为纤芯折射率,n_2 为包层折射率,β 为模式传播常数,k_0 为真空中波矢,$J_m(x)$($m=0,1,2$)表示 m 阶第一类贝塞尔函数,$K_m(x)$($m=0,1,2$)表示第 m 阶虚变量的第二类贝塞尔函数,$J'_m(x)$,$K'_m(x)$ 分别为 $J_m(x)$,$K_m(x)$ 的导数,$U = k_0 a \sqrt{n_1^2 - n_{\text{eff}}^2}$,$W = k_0 a \sqrt{n_{\text{eff}}^2 - n_2^2}$,$V = k_0 a \sqrt{n_1^2 - n_2^2}$,$n_{\text{eff}}$ 为模式有效折射率,a 为玻璃纤芯半径,其中 V 为归一化频率。

TE 模就是纵向电场 $E_z = 0$ 的电磁场模式。根据纵向电场的表达式以及边界条件的特征,可知,只有 $m = 0$ 时,TE 模式才能在光纤中作为导模存在,故 TE 模的特征方程是:

$$\frac{J_1(U)}{UJ_0(U)} + \frac{K_1(W)}{WK_0(W)} = 0 \tag{5.4}$$

同理可以得,只有 $m = 0$ 时,TM 模式才能在光纤中作为导模存在,TM 模式的特征方程是:

$$\frac{J_1(U)}{UJ_0(U)} + \frac{n_2^2}{n_1^2} \frac{K_1(W)}{WK_0(W)} = 0 \tag{5.5}$$

以上导模特征方程无解析解,需要进行数值求解。假如,玻璃纤芯折射率为1.451,空气折射率为1,传输波长为1550 nm。根据式(5.3)、式(5.4)、式(5.5),可以得到不同模式有效折射率($n_{\text{eff}} = \beta/k_0$)随光纤半径变化曲线。图5.2中分别给出了$HE_{11}$,$TE_{01}$,$HE_{21}$,$TM_{01}$,$EH_{11}$,$HE_{31}$,$HE_{12}$,$EH_{21}$八种类型导模对应的有效折射率计算结果。图中,虚线标记位置为临界单模传输半径r_{sm},对应归一化截止频率2.405,该点之前为单模传输,之后为多模传输。计算结果表明,对于石英材料光纤,工作波长为1550 nm时,其临界单模半径约为550nm。

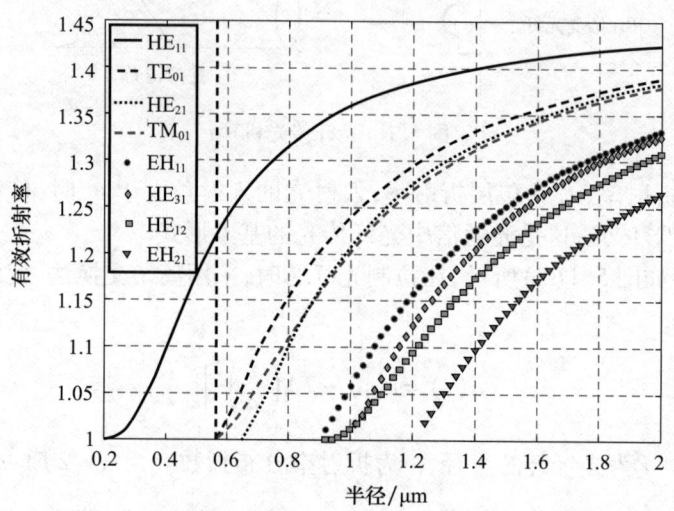

图5.2 不同半径光纤的模式有效折射率

如果把HE_{11}模的场分量写作:

$$\begin{aligned} \boldsymbol{E}(r,\varphi,z) &= (e_r\hat{r} + e_\varphi\hat{\varphi} + e_z\hat{z})e^{i\beta z}e^{-i\omega t} \\ \boldsymbol{H}(r,\varphi,z) &= (h_r\hat{r} + h_\varphi\hat{\varphi} + h_z\hat{z})e^{i\beta z}e^{-i\omega t} \end{aligned} \quad (5.6)$$

在纤芯内($r<a$),电场分量的表达式是:

$$\begin{cases} e_r = -\dfrac{a_1 J_0(UR) + a_2 J_2(UR)}{J_1(U)}\sin\varphi \\ e_\varphi = -\dfrac{a_1 J_0(UR) - a_2 J_2(UR)}{J_1(U)}\cos\varphi \\ e_z = \dfrac{-iU J_1(UR)}{a\beta\ J_1(U)}\sin\varphi \end{cases} \quad (5.7)$$

在纤芯外($a<r<\infty$),电场分量的表达式是:

$$\begin{cases} e_r = -\dfrac{U}{W}\dfrac{a_1 K_0(WR) - a_2 K_2(WR)}{K_1(W)}\sin\varphi \\ e_\varphi = -\dfrac{U}{W}\dfrac{a_1 K_0(WR) + a_2 K_2(WR)}{K_1(W)}\cos\varphi \\ e_z = \dfrac{-iU K_1(WR)}{a\beta\ K_1(W)}\sin\varphi \end{cases} \quad (5.8)$$

其中i为虚数单位,在以上表达式中,各个常量的表达式分别是:

$$a_1 = \frac{F_2 - 1}{2}; a_3 = \frac{F_1 - 1}{2}; a_5 = \frac{F_1 - 1 + 2\Delta}{2};$$

$$a_2 = \frac{F_2 + 1}{2}; a_4 = \frac{F_1 + 1}{2}; a_6 = \frac{F_1 + 1 - 2\Delta}{2};$$

$$F_1 = \left(\frac{UW}{V}\right)^2 [b_1 + (1 - 2\Delta)b_2]; F_2 = \left(\frac{UW}{V}\right)^2 \frac{1}{b_1 + b_2};$$

$$b_1 = \frac{1}{2U}\left[\frac{J_0(U)}{J_1(U)} - \frac{J_2(U)}{J_1(U)}\right]; b_2 = -\frac{1}{2W}\left[\frac{K_0(W)}{K_1(W)} + \frac{K_2(W)}{K_1(W)}\right];$$

$$R = r/a, \Delta = \frac{n_1^2 - n_2^2}{2n_1^2}, k = \frac{2\pi}{\lambda}$$

式中：n_1、n_2 分别为纤芯和空气的折射率，在纤芯中（$0 < r < a$）：

$$S_{z1} = \frac{1}{2}\left(\frac{\varepsilon_0}{\mu_0}\right)^2 \frac{kn_1^2}{\beta J_1^2(U)}\left[a_1 a_3 J_0^2(UR) + a_2 a_4 J_2^2(UR) + \frac{1 - F_1 F_2}{2} J_0(UR) J_2(UR) \cos(2\varphi)\right]$$
(5.9)

在纤芯外（$a \leq r < \infty$）：

$$S_{z2} = \frac{1}{2}\left(\frac{\varepsilon_0}{\mu_0}\right)^2 \frac{kn_1^2}{\beta K_1^2(W)} \frac{U^2}{W^2}\left[a_1 a_5 K_0^2(WR) + a_2 a_6 K_2^2(WR) - \frac{1 - 2\Delta - F_1 F_2}{2} K_0(WR) K_2(WR) \cos(2\varphi)\right]$$
(5.10)

图 5.3 给出了光纤直径 1000 nm 时，1550 nm 波长光入射石英材料光纤时坡印亭矢量在横截面的分布情况，大部分光场能量约束在光纤纤芯中，少部分光能量以倏逝场形式存在于纤芯之外。

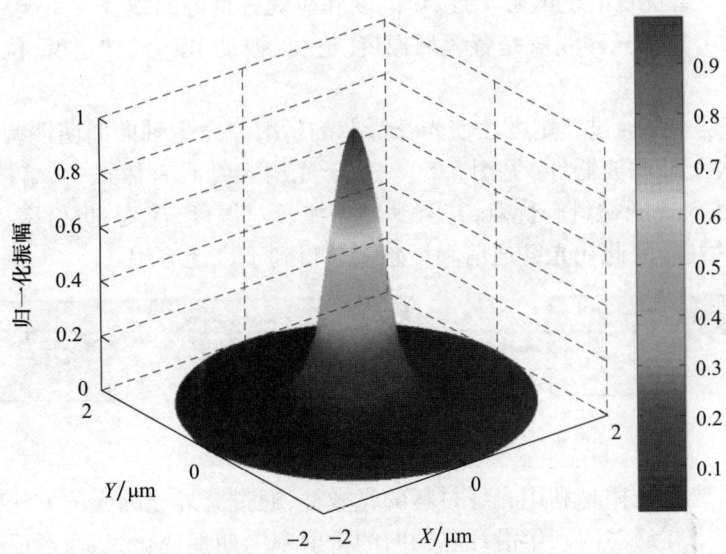

图 5.3 光纤直径为 1000nm 时坡印亭矢量 z 分量分布图

为了定量分析光场能量分布情况，可将纤芯中分布光场能量比例表示为

$$\eta = \frac{\int_0^a S_{z1} \mathrm{d}A}{\int_0^a S_{z1} \mathrm{d}A + \int_a^\infty S_{z2} \mathrm{d}A} \tag{5.11}$$

式中：η 为纤芯中光能量百分比，$\mathrm{d}A = a^2 R \cdot \mathrm{d}R \cdot \mathrm{d}\varphi = r \cdot \mathrm{d}r \cdot \mathrm{d}\varphi$ 为积分面元。

根据式(5.11)，可得到不同光纤直径对应的纤芯能量分布情况。当波长为 1550 nm 时，η 随归一化频率的变化趋势如图 5.4 所示，计算结果表明，对于石英材料，对应归一化截止频率为 2.405 时（此时对应光纤单模传输），η 值约等于 81%，即约有 19% 的光能量在光纤外部传输。

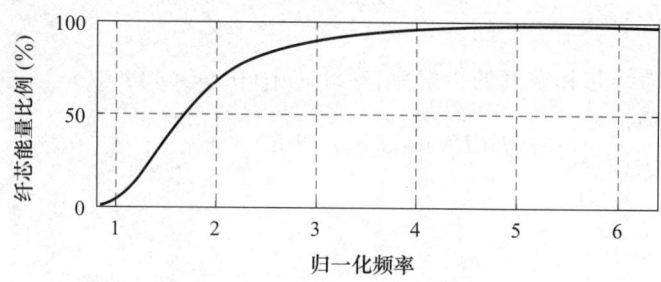

图 5.4　纤芯能量分布随归一化频率变化

因此，几何光学理论与波动光学理论都表明，只要光纤温度或者内部应力变化，都将由于热光效应或者弹光效应，产生光纤折射率的变化，甚至于光纤波导结构的变化，从而在光的传播过程中额外施加了"调制"，这就是光纤传感的基本机理。

5.2.3　光纤光栅基本原理

光纤光栅具备优良的抗电磁干扰、对温度和应变有良好的线性关系响应函数、安装方便等优点。采用光纤光栅测试是各领域温度、应变、振动、压力、加速度、位移的优选测试手段之一。

光纤光栅是一种通过一定方法使光纤纤芯的折射率发生轴向周期性调制而形成的衍射光栅，是一种无源滤波器件（见图 5.5）。由于光栅光纤具有体积小、熔接损耗小、全兼容于光纤、能埋入智能材料等优点，并且其谐振波长对温度、应变、折射率、浓度等外界环境的变化比较敏感，因此在光纤通信和传感领域得到了广泛应用。

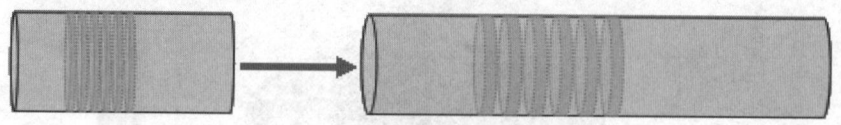

图 5.5　光纤光栅结构示意图

一般来说，光纤光栅是利用光纤材料的光敏性，通过紫外光曝光的方法将入射光相干场图样写入纤芯，在纤芯内产生沿纤芯轴向的折射率周期性变化，从而形成永久性空间的相位光栅，其作用实质上是在纤芯内形成一个窄带滤波器或反射镜。当一束宽光谱光经过光纤光栅时，满足光纤光栅布拉格条件的光将产生反射，其余的波长透过光纤光栅继续传输，其传输过程如图 5.6 所示。

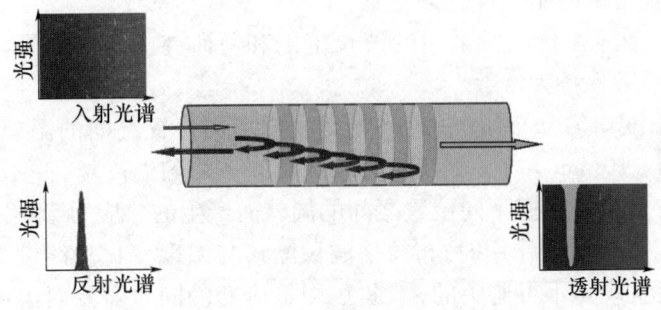

图 5.6 光纤光栅原理示意图

近年来,光纤光栅在传感领域受到人们高度的重视。目前,应用光纤光栅传感器最多的领域当数桥梁的安全监测。例如,1993 年加拿大卡尔加里附近的 Beddington Trail 大桥是最早使用光纤光栅进行测量的桥梁之一。与传统的应变传感器(电阻应变丝,压电陶瓷应变计)相比较,光纤光栅具有体积小、结构简单、寿命长、抗腐蚀、抗电磁干扰等优点。具有传感信息波长可编码、可实现绝对测量、可构成分布传感网络等特点,使得对大型建筑物(如水库大坝,桥梁)的实时监控成为可能。光纤光栅采用波长编码,被感知的物理量引起其布拉格波长的变化。由耦合模理论,光纤布拉格光栅方程为

$$\lambda_B = 2n_{eff}\Lambda \tag{5.12}$$

式中:λ_B 为布拉格波长,n_{eff} 为光栅的有效折射率,Λ 为光栅周期。

当作用于光纤光栅的被测物理量(如温度、应力等)发生变化时,由于热光效应、弹光效应和光纤变形会引起折射率和 Λ 的相应改变,从而导致 λ_B 的漂移,反过来,通过检测 λ_B 的漂移,也可得知被测物理量的信息。布拉格光纤光栅传感器的研究主要集中在温度和应力的准分布式测量上。温度和应力的变化所引起的 λ_B 漂移可表示为

$$\Delta\lambda_B = 2n\Lambda\left\{1 - \frac{n^2}{2}[P_{12} - \mu(P_{11} + P_{12})]\right\}\varepsilon + 2n\Lambda\left[\alpha + \left(\frac{1}{n}\right)\left(\frac{dn}{dT}\right)\right]\Delta T \tag{5.13}$$

式中:ε 为应力,P_{ij} 为光压系数,μ 为横向变形系数(泊松比),α 为热胀系数,ΔT 为温度变化量。一般情况下,式(5.13)中的 $\frac{n^2}{2}[P_{12} - \mu(P_{11} + P_{12})]$ 因子的典型值为 0.22,可以推导出常温和常应力条件下的 FBG 温度和应力相应条件值为

$$\delta\lambda_B/(\lambda_B\delta T) = 6.7 \times 10^{-6}/℃ \tag{5.14}$$

$$\delta\lambda_B/(\lambda_B\delta\varepsilon) = 7.8 \times 10^{-7}/m\varepsilon \tag{5.15}$$

由以上分析可知,光纤光栅的布拉格波长漂移不仅受应变的影响,也受温度变化的影响。温度通过热光效应和热膨胀效应分别影响有效折射率和光栅周期,进而使光栅中心波长产生漂移。为了能得到光纤光栅温度传感更详细的数学模型,在此有必要对所研究的光纤光栅作以下假设:

(1)仅研究光纤自身各种热效应,忽略外包层以及被测物体由于热效应而引发的其他物理过程。很显然,热效应与材料本身密切相关,不同的外包层、不同被测物体经历同样的温度变化将对光栅产生不同的影响,为简单起见,在此仅对光纤光栅自身进行研究。

(2)仅考虑光纤的线性热膨胀区,并忽略温度对热膨胀系数的影响。由于石英材料的软化点超过 1000℃,所以在常温范围内完全可以忽略温度对热膨胀系数的影响,认为

热膨胀系数在测量范围内始终保持为常数。

（3）认为热光效应在我们所采用的波长范围和所研究的温度范围内保持一致，也即光纤折射率温度系数保持为常数。

（4）仅研究温度均匀分布情况，忽略光纤光栅不同位置之间的温差效应。因为一般光纤光栅的尺寸仅 10 mm 左右，所以认为它处于同一均匀温度场，并不会引起较显著的误差，因此可以忽略由于光栅不同位置之间的温差而产生的热应力影响。

由式(5.13)，在无应变作用时，布拉格波长漂移与温度变化呈线性关系，对于应变测量而言，环境温度扰动是不可避免的，因此在测量应变的同时需要对温度进行测量，以补偿温度对应变测量的影响。同时，光纤光栅十分纤细，强度较低，需对裸栅进行封装以增加传感器的机械长度和使用寿命，图 5.7 所示即为封装后的光纤光栅温度传感器。

图 5.7　封装后的光纤光栅温度传感器

光纤光栅解调仪是分析光纤光栅光谱变化，采用拟合算法，解调出波长变化的光学仪器。图 5.8 所示为光纤光栅传感系统最核心的处理设备，解调出波长变化量也是光纤光栅传感系统最重要的功能。

解调仪除了解调出波长变化量，从而得出传感器温度、应变、位移等物理量这些重要功能外，也可以算出光纤光栅的中心波长，也可以作为简单光谱仪使用。光纤光栅传感器感应被测物理量，这些物理量信息变化承载在传感器的光谱变化上。解调仪分析传感器反射回光谱的变化，从而得出要测量的物理量。光纤光栅解调仪原理本质是通过衍射体光栅将光谱空间分开进行探测，这点和普通光谱仪类似，不一样的是，解调仪结构紧凑，速度快，采用高斯拟合算法，精准算出波长及波长变化量。

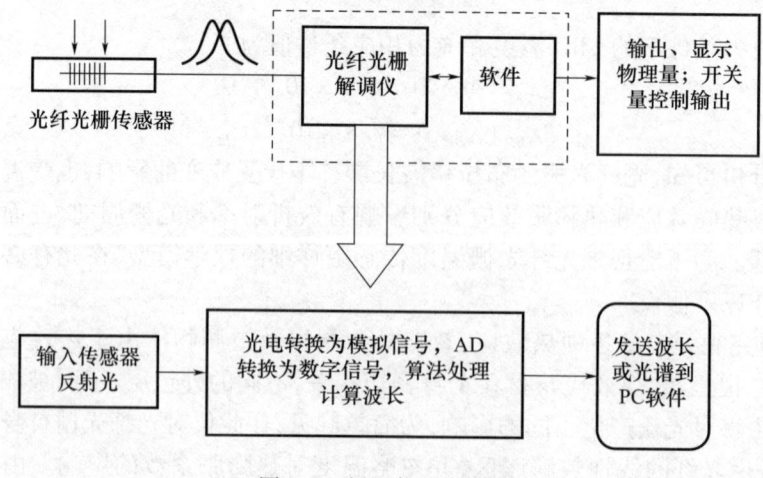

图 5.8　解调仪原理框图

5.3 实验项目

光纤传感实验共设计了 4 个实验项目,分别是光纤传光实验、光纤温度传感实验、光纤应力传感实验、光纤光栅传感实验。以期学生在实验之后对光纤传光机理、光热效应、弹光效应等基础原理有较为清晰的认识,同时掌握光纤切割、光纤基本操作、光路调节等基本实验技能,同时可以根据现有仪器和各种附件,自己设计和组装测量仪器完成扩展内容,丰富自己的实践经验,提高科学思维能力和实验的动手能力。本章实验整体光路如图 5.9 所示。

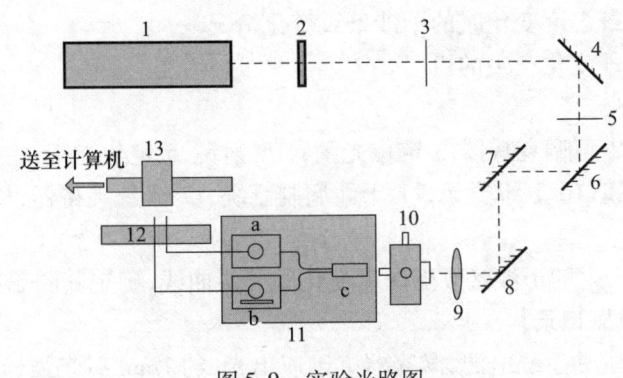

图 5.9 实验光路图

实验 5.1 光纤传光实验

【实验目的】
1. 掌握光路调节、光纤切割等基本实验操作技能。
2. 观测两路传输激光经过光纤传输后的干涉实验现象。
3. 理解光纤传光基本原理。

【实验仪器】
1 氦氖激光器,2 可调衰减器,3 定位光阑,4 反射镜,5 定位光阑,6 反射镜,7 反射镜,8 反射镜,9 聚焦透镜,10 五维支架,11 干涉调制系统,12 光纤夹持器,13 CMOS 传感器。

【实验内容】
观测激光经过光纤传光后的干涉现象,理解光纤传光原理。

【实验步骤与数据记录】
1. 打开激光器驱动系统电源,激光器 1 迅速出光,约 1min 后光强趋于稳定。
2. 打开探测器部分驱动电源开关,检查 CMOS13 上电信号灯是否亮起,电信号灯亮起表示探测器开始正常工作。
3. 激光器 1 的出射光经反射镜 4、6、7 和 8,入射至凸透镜 9,会聚耦合进入单模光纤(安装在五维调节架 10 上),然后进入干涉调制系统 11,经 3dB 耦合器 c 分为二束分别进入传感臂 a,b(b 为调制臂),形成两相干光。
4. 小心取下光纤盒侧面的输入和输出光纤,需要注意光纤端面是否已处理过。
5. 将光纤盒的两根输出光纤一起固定在光纤夹持器 12 上(两个输出端并在一起)。

6. 将 CMOS13 转向光纤夹持器 12,并平移、升降 12 使 13 接收图像清晰,锁定 13。

7. 微调五维支架 10 和光纤夹持器 12,直到观察得到较为清晰的干涉条纹。

8. 观察并分析计算机上干涉条纹的特点。

【思考题】

1. 实验过程中为什么要精确调节五维支架 10,而不是激光照射到光纤端面即可?

2. 在调节光纤夹持器 12 时,COMS13 接收图像会有怎样的变化,为什么?

实验 5.2　光纤温度传感实验

【实验目的】

1. 观测传光光纤温度变化时的干涉条纹变化情况。
2. 理解条纹干涉变化产生的机理。

【实验仪器】

1 氦氖激光器,2 可调衰减器,3 定位光阑,4 反射镜,5 定位光阑,6 反射镜,7 反射镜,8 反射镜,9 聚焦透镜,10 五维支架,11 干涉调制系统,12 光纤夹持器,13 CMOS 传感器。

【实验内容】

测量光纤光栅产生的干涉条纹随温度变化的关系曲线,确定其测温精度。

【实验步骤与数据记录】

1. 打开激光器驱动系统电源,激光器 1 迅速出光,约 1min 后光强趋于稳定。

2. 打开探测器部分驱动电源开关,检查 CMOS13 上电信号灯是否亮起,电信号灯亮起表示探测器开始正常工作。

3. 按实验光路图布置好光路,不扩束激光。

4. 小心取下光纤盒侧面的输入和输出光纤,需要注意光纤端面是否已处理过。

5. 在工作台 8 上装上反射镜,调节五维支架 10,使激光经物镜($10 \times$ 物镜 $f = 5mm$)耦合进入光纤(从光纤耦合端的另一侧发出红光表示激光已经耦合进入光纤)。

6. 将光纤盒的两根输出光纤一起固定在光纤夹持器 12 上(两个输出端并在一起)。

7. 将 CMOS13 转向光纤夹持器 12,平移、升降 12 使得 13 接收图像清晰,锁定 13。

8. 微调五维支架 10 和光纤夹持器 12,直到观察到较为清晰的干涉条纹。

9. 打开光纤盒侧面的温度控制开关,表盘上显示的是当前的室温,待预热一段时间(发现表盘的示数有变化,再升高即可)后,选取一个温度 T_0 作为基数,开始记录条纹变化(以监视器上某固定位置作为基准从而实现计数)。同时通入的电流会给热敏电阻加热,使温度继续上升,建议温度每变化 1~2℃ 记录一次条纹变化的数量。共测量 8~10 组数据并将其填入表格中。

10. 记录多次对应温度下的条纹改变数。

11. 根据实验数据描绘光纤温度传感温度改变与条纹变化关系曲线。

表 5.1　光纤温度传感数据表

温度变化 ΔT									
移动条纹数									

实验 5.3　光纤应力传感实验

【实验目的】
1. 观测传光光纤电压变化时的干涉条纹变化情况。
2. 理解干涉条纹变化产生的机理。

【实验仪器】
如图 5.9 所示,1 氦氖激光器,2 可调衰减器,3 定位光阑,4 反射镜,5 定位光阑,6 反射镜,7 反射镜,8 反射镜,9 聚焦透镜,10 五维支架,11 干涉调制系统,12 光纤夹持器,13 CMOS 传感器。

【实验内容】
测绘光纤压力传感电压改变与条纹变化关系曲线,确定其应力测量精度。

【实验步骤与数据记录】
1. 打开激光器驱动系统电源,1 激光器迅速出光,约 1min 后光强趋于稳定。
2. 打开探测器部分驱动电源开关,检查 13CMOS 上电信号灯是否亮起,电信号灯亮起表示探测器开始正常工作。
3. 按实验光路图布置好光路,不扩束激光。
4. 小心取下光纤盒侧面的输入和输出光纤,需要注意光纤端面是否已处理过。
5. 调节 10 五维支架,使激光经物镜($10×$物镜 $f=5mm$)耦合进入光纤(从光纤耦合端的另一侧发出红光表示激光已经耦合进入光纤)。
6. 将光纤盒的两根输出光纤一起固定在 12 光纤夹持器上(两个输出端并在一起)。
7. 将 13CMOS 转向 12 光纤夹持器,平移、升降 12 使 13 接收图像清晰,锁定 13。
8. 微调 10 五维支架和 12 光纤夹持器,直到观察得到较为清晰的干涉条纹。
9. 运行计算机上光纤调制程序,加载电压,记下初始电压显示值 V_0。
10. 通过调制程序改变输入电压,使 PZT 产生形变,测量臂光纤的长度的变化,从而观察干涉条纹的变化(以监视器上某固定位置作为基准从而实现计数,建议电压每改变 5V 记录一次数据)。
11. 记录多次对应电压下的条纹改变数。
12. 根据实验数据描绘光纤压力传感电压改变与条纹变化关系曲线。

表 5.2　光纤压力传感数据表

电压变化 ΔV								
移动条纹数								

【思考题】
1. 为什么电压变化,干涉条纹会发生移动?
2. 实验中,电压升高过程中和电压下降过程中,干涉条纹发生移动的方向是否一致,为什么?
3. 实验中,电压升高过程中和电压下降过程中,分别进行该实验,实验曲线是否完全重合,为什么?

实验 5.4　光纤光栅传感实验

【实验目的】
1. 观测温度和应力传感实验数据。
2. 理解光纤光栅传感机理。

【实验仪器】
光纤光栅解调仪、ASE 宽谱光源、光纤环行器、光纤光栅、固定螺钉、光学平台。

【实验内容】
1. 搭建光纤光栅传感实验装置。
2. 观测温度传感和位移传感实验数据。

【实验步骤与数据记录】
1. 连接好主机箱电源线,打开主机预热 5min。
2. 将温度传感器、光源、解调仪和环形器按图 5.10 连接。

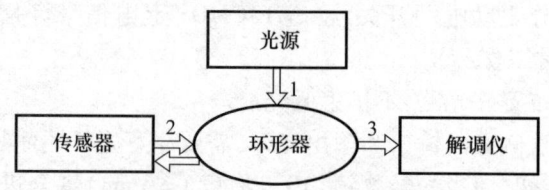

图 5.10　光纤光栅实验示意图

3. 用串口线将主机与电脑连接,打开软件。在模块"波长、光谱"中,光谱图的横坐标的意义为"波长",纵坐标的意义为光强度。波长图的横坐标为"时间",纵坐标为传感器反射回来的波长。可以观察一段时间内反射波长的变化趋势。

4. 预热后,首先观察光谱图,实际是在初始状态下,反射波长的值,调整各个法兰盘的连接口,使光谱图上显示的波长峰值两边尽量平整,降低噪声和干扰,提高准确性。

5. 将温度传感器放入热水,观察波长图的变化趋势。

6. 单击"数据存储"按钮,系统会自动以 excel 表格的形式保存时间、波长和被测物理量的数据,存储在 D:\wavelength\文件夹里面,一直存到文件大小超过 5M,软件又会自动建立新的文件名继续保存数据,根据上面保存的数据,可以描绘波长与被测量的关系曲线。

7. 如图 5.11 所示,该装置也可以将位移传感器的主体部分固定在光学平台上,将传感器与主机连接,软件操作与温度测量相同。

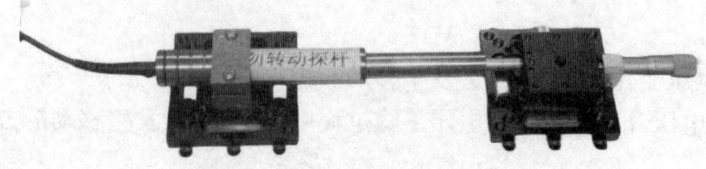

图 5.11　光纤光栅应力传感实物图

参考文献

1. 李玉权,崔敏. 光波导理论与技术[M]. 北京:人民邮电出版社,2002.
2. 祝宁华,等. 光纤光学前沿[M]. 北京:科学出版社,2011.

第6章 激光混沌保密通信实验

在简要介绍混沌和半导体激光器的基础上,介绍了半导体激光器产生激光混沌的原理、随机性和同步鲁棒性等。通过半导体激光混沌的产生、随机数测试、同步实验实现和混沌保密通信等实验内容的学习,较为系统地了解激光混沌在保密通信等国防军事方面的实际应用。

6.1 引言

20世纪60年代自然科学取得了两项重大成就:一是激光器的发明,开创了现代光学和光信息的新领域;二是大气对流中洛仑兹混沌现象的发现,掀起了人们对初始条件极其敏感的确定非周期流的研究热潮。激光器和混沌现象各自的研究发展中又建立了内在联系,这就是激光混沌。

近年来,激光器中的激光混沌现象作为混沌领域的一个分支十分活跃,在各种各样的激光系统中发现了激光输出混沌现象。激光器在光反馈或外光注入作用下能够输出混沌激光,已被广泛应用于高速随机数产生、保密通信、密钥分发、光时域反射仪和激光雷达。其中,激光混沌保密通信技术是有别于算法加密的物理层加密技术,能有效地保障通信网数据传输安全。现已成为国际上军事通信、光通信和保密科学中的一个热点问题,其技术与应用的突破必将对保密通信产生革命性影响。

目前,激光混沌保密通信在美、欧、日等国家都受到了高度重视,认为其在国防建设中意义重大、前景广阔。激光混沌保密通信具体优点有:①具有高度的保密性能、抗破译和抗干扰能力;②具有高速和高容量的信息动态存储传输能力;③非常适合高速远程保密通信等。因此,激光混沌保密通信在国防军事建设中具有十分重要的意义。

本章以激光保密通信为主线,简单介绍混沌基本理论,系统阐述了激光混沌产生、随机数采集与检测、同步和调制等理论和应用问题。

6.2 激光混沌保密通信基础知识

本节主要介绍混沌的意义,半导体激光器的结构及其动力学方程,半导体激光器产生混沌的方法,实现半导体激光器混沌同步的方法,以及由半导体激光器的混沌同步实现保密通信的方法与原理,最后介绍由激光混沌获取物理随机数的方法。

6.2.1 混沌简介

作为一门新科学的混沌学,一般认为始于1975年12月华人科学家李天岩和他的导师约克(Yorke)在《美国数学月刊》上发表的著名论文《周期3蕴含混沌》(Period Three

Implies Chaos），因为正是在该文中"混沌"（Chaos）首次被作为科学名称使用。当然对于混沌的研究可以追溯到1963年美国的气象学家、物理学家E. N. Lorenz对天气预报的研究，也就是"蝴蝶效应"，长期的天气预报是不可能的，当然，更早的要追溯到庞加莱在1903年提出的庞加莱猜想，他把拓扑学和动力系统有机地结合，并提出了三体问题在一定范围内，其解是随机的。混沌科学经过60年的发展，已经取得了相当卓越的成就，也在现代技术中发挥了重要作用，如混沌控制、混沌同步、混沌保密通信等。本节简单介绍混沌的一般概念和混沌的描述。

1. 混沌的意义

混沌是非线性动力系统所独有且广泛存在的一种非周期运动形式，也可以说是一种类随机运动，表面看来是随时间无规则变化的（例如正常人的脑电图），但又包含丰富的信息。混沌并不等于无序。自然界中有周期运动及其叠加，也有完全无序的噪声（例如自发辐射及各种起伏）。而混沌则是介于以上两者之间的运动，从信号的功率谱来看，周期运动（正弦运动及其叠加）的谱是分离的谱（分离的频率成分），噪声的谱则是在相当宽的频率范围内的连续谱。混沌的一个重要定性特征在于，它的功率谱在低频部分是连续谱，脑电等的功率谱有时就是低频连续的。

把混沌定义为确定系统的非周期运动，有两方面的含义：①它是确定性系统的内禀性质，系统或方程中没有起伏力等任何不确定因素或随机因素；②在特定的参数范围内，系统可能有非周期运动，但不能看成有限个分离频率的周期运动的叠加。前者划清楚了与噪声的界限，后者划清楚了与周期运动的界限。混沌产生的根源在于非线性，而不在于"大数"，即它主要不是由自由度数太大决定的，也不是由于系统太大或太复杂决定的。例如，著名的蔡氏电路，就是一个含有非线性电阻的RLC电路，当周期性的驱动电压大到一定程度，就产生混沌的电信号。混沌现象是普遍存在的，在物理、力学、化学、生物、生态、神经、大脑、经济、社会等领域，都有混沌现象。如果一个系统在不同的参数范围内，可分别出现周期运动、噪声和混沌，则称该系统为复杂系，例如激光器，在低于阈值时，产生自发辐射，即噪声；高于阈值时，产生稳定态或周期运动（相干光）状态；若高于阈值到特定程度，则输出的激光光强（或光场）随时间无规则变化，即出现混沌。

2. 基本概念

1）非线性动力系统

一般认为，随时间变化的工程、物理、化学、生物、天体、地质系统都可称为动力系统。如果这些变化是用非线性方程（包括常微分方程、偏微分方程、代数方程等）描述的，这些系统就称为非线性动力系统。如描述昆虫数量随代数变化的著名"虫口模型"的logistic映射方程，就是离散的非线性动力系统；著名的洛伦兹方程，就是典型的微分非线性动力系统，是连续动力系统。微分动力系统可以通过一定的延时映射，转换为离散动力系统，进而通过迭代代数方程进行研究，从而简化问题。当然了，这需要不失问题的本质，需要具体问题具体分析。

logistic映射为：

$$x_{n+1} = \mu x_n (1 - x_n) \tag{6.1}$$

式中：x_n表示本代昆虫的数量，x_{n+1}表示下一代昆虫的数量，μ为控制参数，与气候、地域等环境因素有关。本模型中虫口数量代与代之间无交叉。

洛伦兹方程为

$$\begin{cases} \dot{x} = -\sigma(x-y) \\ \dot{y} = -xz - y + rx \\ \dot{z} = xy - bz \end{cases} \tag{6.2}$$

式中：的"·"代表对时间的导数；x 描述流体的翻动速率，y 代表比例于上流流体与下流流体之间的温差，z 为流体垂直方向的温度梯度；σ 为普朗特数、b 为速度阻尼常数，r 为相对瑞利数。该方程是描述空气流体运动的一个简化方程组，由此，洛伦兹发现了确定性系统中出现了非周期混沌现象（尽管当时还没有"混沌"一词），也说明了长期天气预报的不可能。

2）相空间

在连续动力系统中，用一组一阶微分方程描述运动，以状态变量（或状态向量）为坐标轴的空间构成系统的相空间。相空间的一个点表示系统某时刻的状态，通过该点有唯一的一条积分曲线。相空间中的轨线，表示了系统状态的演化情况。系统轨线在相空间中所实际占有的体积，称为系统轨线的容积。

3）奇怪吸引子

在众多的非线性动力系统中，有一类系统在运动时，其相空间容积收缩到维数低于原来相空间维数的吸引子上，即运动特征是相空间容积收缩，这类系统就是耗散系统，如激光器系统。在耗散系统中存在一些平衡点（不动点）或子空间，随着时间的增加，轨道或运动都向它逼近，它就是吸引子。在相空间中，耗散系统可能有许多吸引子，向其中某个吸引子趋向的点的集合称为该吸引子的吸引盆。在某吸引子的吸引盆中不会有其他吸引子，与吸引子相反的就是排斥子。

耗散系统的吸引子有如下几种类型：

（1）不动点，如图6.1(a)所示，在吸引盆内的运动轨线，最终都趋向于一个不动点，这就是不动点吸引子，它的几何维数是0，对应于系统的稳态，如激光器的稳态。

（2）极限环，如图6.1(b)所示，在吸引盆内的运动轨线最终都趋向于一条闭合曲线，这条曲线称作极限环，它的几何维数是1，对应于周期运动，如激光器周期输出时的状态。

（3）二维环面，如图6.1(c)所示，在吸引盆内的运动轨线，最终都趋向于一个封闭的二维环面，像汽车轮胎的表面，它的几何维数是2，对应于准周期运动。

以上三种吸引子称作定常吸引子，也称平庸吸引子。

（4）奇怪吸引子，如图6.1(d)所示，在吸引盆内的运动轨线始终不闭合，每一条轨线都不同，但整体上又十分相似，经计算，其几何维数是分数，且小于相空间的维数。初始值的微小不同，经历一定时间后都会导致其轨线的极大不同，因此对初始条件极为敏感，这就是奇怪吸引子，也称混沌吸引子。图6.1(d)所示为洛伦兹系统的奇怪吸引子。混沌运动表现为奇怪吸引子是耗散系统独具的性质。

   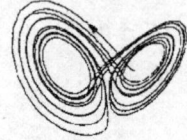

　　(a) 不动点　　　　(b) 周期吸引子　　　　(c) 准周期吸引子　　　(d) 奇怪吸引子

图6.1　不同的吸引子

4) 李雅普诺夫指数

李雅普诺夫(Lyapunov)指数是定量描述一个系统在相空间中初值不同两个相邻轨线随着时间演化而指数分离或靠近快慢的量,通常用 λ 表示。相空间为 n 维的非线性动力系统就有 n 个李雅普诺夫指数,分别描述各自方向上轨线分离(靠近)的快慢。通常把系统的 n 个李雅普诺夫指数从大到小排列,记为 λ_1、λ_2、……、λ_n,称为李雅普诺夫指数谱。最大的称为系统的最大李雅普诺夫指数,记作 λ_M。

对于 n 维连续动力学系统,考察一个无穷小 n 维球面的长时间演化。由于流的局部变形特性,球面将变为 n 维椭球面。第 i 个李雅普诺夫指数 λ_i 按椭球主轴 p_i 定义为

$$\lambda_i = \lim_{t \to \infty} \frac{1}{t} \ln \left(\frac{p_i(t)}{p_i(0)} \right) \tag{6.3}$$

式(6.3)表明,李雅普诺夫指数的大小表征相空间中相近轨道的平均收敛或发散的指数率,正、负分别表示轨线分离或靠近。李雅普诺夫指数是很一般的特征数值,它对每种类型的吸引子都有定义。对于一维迭代系统其定义如下。

设一维迭代系统为

$$x_{n+1} = F(x_n, \mu) \tag{6.4}$$

式中:$F(x,\mu)$ 为映射函数,μ 为控制参数。

假设系统分别以 x_0 和 $x_0 + \varepsilon_0$(ε_0 为无限小正数)为初始值进行演化。显然初始位置时两轨线之间的距离为 ε_0,经过 n 次迭代后,两轨线之间的距离为 ε_n,则其李雅普诺夫指数为

$$\lambda = \lim_{n \to \infty} \left(\frac{1}{n} \frac{\varepsilon_n}{\varepsilon_0} \right) = \lim_{n \to \infty} \frac{1}{n} \sum_{i=0}^{n} |F'(x_i, \mu)| \tag{6.5}$$

一维迭代系统只有 1 个李雅普诺夫指数。$\lambda > 0$ 时,系统处于混沌状态;$\lambda < 0$ 时,系统处于周期状态;$\lambda = 0$ 时,系统处于临界状态。

对于 n 维微分方程系统而言,并不是只要存在正的李雅普诺夫指数就一定能够产生混沌,要产生混沌还必须满足 $n \geq 3$。那么为什么一维迭代方程系统只有一个李雅普诺夫指数,只要它为正,就可以判断系统处于混沌状态呢?这是由于迭代系统可以看作是无穷维微分方程系统离散化的结果,也就是迭代系统本身是高维系统,它这个李雅普诺夫指数代表的是最大李雅普诺夫指数。

对于三维的耗散系统而言,不同的吸引子对应的李雅普诺夫指数:不动点($-,-,-$),极限环($0,-,-$),二维环面($0,0,-$),奇怪吸引子($+,0,-$)。对于任何吸引子,其所有李雅普诺夫指数之和为负,保证系统的收缩性;对奇怪吸引子而言,具有正的李雅普诺夫指数,使系统在某些方向具有发散性,这种发散与收缩的对抗形成了轨线的折叠与远离,使系统呈现混沌状态。

3. 通向混沌的道路

混沌运动就是经过一系列解的突变才发生的,解发生突变的参数值称为临界值。控制参数变化到某个临界值时而使系统的动力学性态发生性质变化的现象称为分岔,它是非线性系统内部固有的一种特性,相应的临界值称为分岔点。通过不同的分岔,可以使非线性动力系统进入混沌。通向混沌的途径主要有以下三种。

1) 倍周期分岔进入混沌

倍周期分岔进入混沌的途径,亦称费根鲍姆(Feigenbaum)途径。这条途径是一种规

则的运动状态(例如某种定态解或周期解),可以通过周期不断加倍的倍分岔方式逐步过渡到混沌运动状态。Logistic 映射是典型的经过倍周期分岔进入混沌的。

如图 6.2 所示,当 $1 \leqslant \mu < \mu_1 = 3.0$ 时,系统(1.1)的稳态解为不动点,即周期 1 解;当 $\mu = \mu_1 = 3.0$ 时,系统(6.1)的稳态解由周期 1 变为周期 2,这是一个一分为二的分岔过程;当 $\mu = \mu_2 = 3.449489$ 时,系统(6.1)的稳态解由周期 2 分岔为周期 4;当 $\mu = \mu_3 = 3.544090$ 时,系统(6.1)的稳态解由周期 4 分岔为周期 8……当 μ 达到极限值 $\mu_\infty = 3.569945$ 后,周期无穷大的解有无穷多个,映射进入混沌,其总体上是稳定的,同时,它又是奇怪吸引子。这就使倍周期分岔进入混沌。

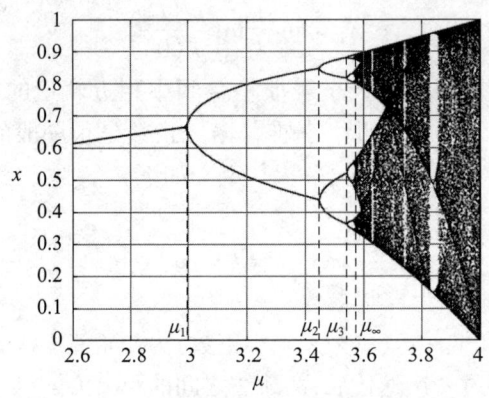

图 6.2 Logistic 映射分岔图

由图 6.2 还可以看出,在混沌区域内,还存在一些周期窗口,最为明显的是周期三窗口,这正是周期三意味着混沌。而且,在混沌区域内还存在相当丰富的结构。如果把某一小区域放大会发现其结构与整体的结构极为相似,也就是分岔图中存在着无穷自相似结构。除此之外,还可以计算出对于尖峰映射都适应的费根鲍姆普适常数,这里不再详细介绍。

2) 阵发性通向混沌

阵发性混沌是指系统从有序向混沌转化时,在非平衡非线性条件下,当某些参数变化达到某一临界阈值时,系统的行为忽而周期(有序)、忽而混沌,在两者之间振荡。有关参数继续变化时,整个系统会由阵发性混沌发展成为混沌。阵发混沌与倍周期分岔所产生的混沌是孪生现象,凡是观察到倍周期分岔的系统,原则上均可发现阵发混沌现象。

3) Hopf 分岔通向混沌

所谓 Hopf 分岔是指系统参数经过临界点时,平衡点由稳定变为不稳定,并产生出极限环的一种分岔现象。规则的运动状态最多经过 3 次 Hopf 分岔就能转变成混沌运动状态。具体地说,其通往混沌的转变可以表示为不动点→极限环→二维环面→混沌,每一次分岔可以看作一次 Hopf 分岔,分岔出一个新的不可公约的频率。

尽管这条通向混沌的道路提出较早,但与倍周期分岔道路和阵发混沌道路相比,其规律性仍知道得较少,近年来已引起了人们的关注。例如关于突变点附近的临界行为的研究还不够充分,目前尚不清楚这里是否也存在着普适的临界指数。

4. 混沌的判断方法

系统是否处于混沌状态,根据方便,可以采用不同的方法来判断,判断的主要方法有如下几种。

1) 李雅普诺夫指数法

对于离散迭代系统,只要其李雅普诺夫指数为正,就可以判断系统处于混沌状态。对于连续微分系统,其相空间维数小于等于 2 时,不管有无正的李雅普诺夫指数,系统都不可能出现混沌状态;对于维数高于 2 的系统,当其存在一个正的李雅普诺夫指数,但所有李雅普诺夫指数之和小于 0,那么系统就呈现混沌状态,且正值越大,混沌程度越高,若出现两个以上正的李雅普诺夫指数,此时的混沌称为超混沌。

2) 功率谱分析法

我们都知道,时域信号经过傅里叶变换可以获得信号的频谱。不管经过微分方程求解的时间序列,还是经过实验获得的时间序列,都可以通过快速傅里叶变换获得频谱,如果其频谱在低频段是连续谱,就可以判定系统处于混沌状态。

3) 庞卡莱截面法

法国数学家庞卡莱为我们提供了一种有效的研究复杂的多变量连续动力学系统的轨道方法,即庞卡莱截面方法:在多维相空间中适当(要有利于观察系统的运动特征和变化,如截面不能与轨线相切,更不能包含轨线面)选取一个截面,这个截面可以是平面,也可以是曲面。然后考虑连续的动力学轨道与此截面相交的一系列交点的变化规律。这样就可以抛开相空间的轨道,借助计算机画出庞卡莱截面上的截点,由它们可得到关于运动特征的信息。如果截面上的截点是有限的,则说明系统处于周期状态,如果截点数无穷,则可判断系统处于混沌状态。

4) 相空间重构

时间序列的重建相空间:把时间序列扩展到三维或更高维的相空间中去,才能把时间序列的混沌信息充分显露出来。Packard 等提出了由一维可观察量重构一个"等价的"相空间:由系统某一可观测量的时间序列 $\{x_i(i=1,2,\cdots,N)\}$,重构 m 维相空间,得到一组相空间矢量 $X_i = [x_i, x_{i+\tau}, \cdots, x_{i+(m-1)\tau}], i=1,2,\cdots,M, X_i \in R^m$。$\tau$ 是时间延迟,d 为系统自变量个数,M 小于 N,并与 N 有相同的数量级。由此重构的相空间只要维数合适,就可以使该相空间中的相图没有附加结构出现,即可分析吸引子的结构,从而判断系统是否处于混沌状态。

除上述方法外,还有通过计算关联维数 D_2,豪斯多夫维数 D_0 来判断系统是否处于混沌状态,这里不再详细讨论。

6.2.2 均匀加宽激光器动力学

均匀加宽单模激光器的动力学方程可以由如下的麦克斯韦-布洛赫(Maxwell-Bloch)方程描述。

$$\dot{E} = \frac{1}{2}(-i\delta - \kappa)E - gP \tag{6.6}$$

$$\dot{P} = \frac{1}{2}(-i\Delta - \gamma_\perp)P - gED \tag{6.7}$$

$$\dot{D} = -\gamma_\parallel (D - D_0) + 2g(PE^* - P^*E) \tag{6.8}$$

式中:E 是量纲为 1 的光场的慢变振幅;P 是量纲为 1 的激化强度的慢变振幅;D 是量纲为

1 的反转粒子数密度,D_0 是阈值反转粒子数密度;$\delta = (\Omega_\lambda - \omega)$ 是谐振腔的失谐参数,即腔的模的角频率与激光的角频率之差;$\Delta = (\overline{\omega} - \omega)$ 是原子的失谐参数,即原子跃迁的角频率与激光的角频率之差;κ 为光场衰减参数;$\gamma_\perp$ 为偶极子的衰减常数,即横向弛豫速率,$\gamma_\parallel$ 为反转粒子数衰减常数,即纵向弛豫速率。

一个复杂动力学系统各个变量的弛豫速率可以各不相同,那些快速弛豫的变量比慢速弛豫的变量更快地接近于动力学稳定态(或不动点),在技术上可以把快速的变量用定态来处理。这样,系统的动力学行为主要由慢速弛豫的变量决定。而系统的相空间维数也得到降低。这就是绝热消去原理。Arcchi 等根据绝热消去原理对单模均匀加宽激光器进行分类。

(1) A 类:当 $\kappa \ll \gamma_\perp \approx \gamma_\parallel$ 时,极化强度和粒子反转数的弛豫速率比场的衰减速率大得多,可以把极化强度和粒子反转数看作常量而绝热消去,只需要场的速率方程进行描述。如:He – Ne 激光器、Ar 粒子激光器等。

(2) B 类:$\gamma_\perp \gg \kappa, \gamma_\parallel$ 时,极化强度的弛豫速率比粒子反转的弛豫速率以及场的衰减速率大得多,极化强度看作常量而绝热消去,激光的动力学行为主要由场的速率方程和粒子反转数的速率方程描述。如:红宝石激光器、YAG 激光器、半导体激光器等。

(3) C 类:这类激光器的三个变量有大致相同的弛豫速率,激光的动力学行为由三个微分方程描述。如:一些远红外激光器。

由 6.2.1 可知,A 类激光器要产生混沌,必须增加至少 2 个自由度,B 类激光器要产生混沌,至少要增加 1 个自由度。半导体激光器属于 B 类激光器,要使它产生混沌,就需要至少增加 1 个自由度。增加激光器自由度的方法主要有:①调制系统中某参数,使系统变成非自治系统;②外光注入或反馈;③增加激光器激光模的数目。

6.2.3 半导体激光器的混沌

1. 半导体激光器的结构及工作原理

半导体激光器(Laser Diode, LD)是常用的激光器之一,是基于半导体 PN 结的受激辐射机理的发光器件。对于半导体,为了产生激光,同样要求形成粒子数反转分布。这里所说的粒子是半导体中的载流子。用光或电注入的方法,使半导体 PN 结附近形成大量的非平衡载流子。如果能在小于复合寿命时间内,导带的电子和价带的空穴,分别达到平衡,在 PN 结注入区,简并化的导带电子和价带空穴,就处于反转分布状态。为此,要求半导体是重掺杂的。在 PN 结作用区内,导带中的电子跃迁到能量较低的价带,辐射出光子,发生电子空穴复合。辐射出的光经光学谐振腔的反馈作用,最后产生激光。一般由 F – P 型谐振腔或光栅提供选频机制和反馈机制。

1) F – P 半导体激光器

图 6.3 是一个 F – P 半导体激光器的基本结构示意图,由一个简单的 PN 结和两个自然解理面形成的 F – P 谐振腔构成,光放大机制由处于粒子数反转状态的有源层提供。F – P 腔两端的解理面可以起到反射的作用。当注入电流从零逐渐增大时,并不能立即产生激光。因为,谐振腔的内部会有各种损耗,直到光场在谐振腔内部往返一次所得到的增益足以补偿腔内所有的损耗时才会形成稳定的激光输出,这个条件称为激光器的阈值条件。在激光器达到阈值条件以上,注入电流值越高,输出激光越强。

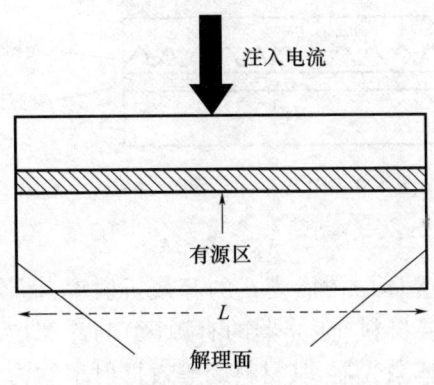

图 6.3 半导体激光器的基本结构

假设有源区的增益系数为 g_0，则光在长为 L 的 F-P 型光学谐振腔中传播一个来回所获得的增益为 $G = e^{2g_0L}$。

同时，在光的传播过程中，还会受到衰减，假设总的损耗系数为 α，则激光器在一个来回的路径上的总增益至少应能抵消总的衰减，这就是激光器的起振条件或阈值条件，也就是说，激光器的阈值增益系数为

$$g_m = \alpha_i + \frac{1}{2L}\ln\frac{1}{R_1R_2} \tag{6.9}$$

式中：α_i 是 F-P 腔中的损耗系数，主要包括腔内材料的吸收损耗、腔侧面的衍射损耗等；后一项则是由于腔的两端的不完全反射所引起的等效损耗系数，R_1 和 R_2 分别是腔体两个端面的反射系数，对于大多数材料，解理面上的反射系数在 0.3~0.4 之间。

增益系数主要决定于有源区的粒子数反转浓度，或者说决定于注入电流。在半导体激光器的材料、结构确定以后其损耗系数也是确定的。这就是说，对于确定结构的半导体激光器必有一个确定的注入电流值，在此注入电流下，激光器的增益系数正好等于其总损耗系数。如果注入电流再增加，增益将超过损耗，激光器将从自发辐射状态转换为受激辐射状态，辐射功率随电流的增加而快速增加，辐射光谱迅速变窄。这个电流就称为半导体激光器的阈值电流。

F-P 型半导体激光器虽然在一定条件下也可以单模工作，有较窄的输出谱线，但是在高速调制情形下其输出谱线明显加宽，所以这种激光器很难适用于高速光通信。为保证光纤通信系统的大容量和长距离特性，高速系统应用最广泛的是分布反馈式(DFB)半导体激光器和分布布拉格反射式(DBR)激光器，这两类激光器通过增加光栅选频结构使光输出仅有一个纵模，从而大大减小了光源谱宽。下面以 DFB 半导体激光器为例说明。

2) DFB 半导体激光器

DFB 半导体激光器的结构如图 6.4 所示。激光器的有源层上面有蚀刻的波纹层。这种波纹实际上就是一个光栅，这种光栅可以根据波长有选择地反射光波。光栅所扮演的角色就是一个分布式滤波器，它只允许谐振腔的一个纵模模式在有源区来回传播。光栅并不在有源层中，这是因为将光栅蚀刻在有源层会导致激光器的效率降低，并产生较高的阈值电流。可以认为光栅和带镜面的谐振腔都有各自支持的一系列谐振波长，但它们只有一个谐振波长是共同的，这就是复合型谐振器的单纵模。其工作波长为

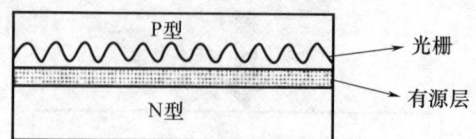

图 6.4 DFB 半导体激光器结构示意图

$$\lambda_B = 2n_{\text{eff}}\Lambda \tag{6.10}$$

式中:Λ 是光栅周期,n_{eff} 是腔体中传播模式的等效折射率,而不是体材料本身的折射率。等效折射率的取值在导波层材料(激光器的有源区)与涂覆层材料的折射率之间。对于常用的 InGaAsP DFB 半导体激光器,其材料的等效折射率约为 3.5,要求其中心辐射波长为 $1.55\mu m$,则可计算得到其光栅周期 $\Lambda = 0.22\mu m$。

DFB 半导体激光器因为有光栅结构,所以具有很多独特的性质。DFB 激光器比其他常规激光器有更好的温度特性,再加上窄线宽特性,使 DFB 半导体激光器特别适合于长距离、高速率传输系统。光栅还可以起到稳定输出波长的作用,而常规激光器会由于温度变化致使折射率改变,从而改变输出波长。通常,DFB 激光器的温度与波长漂移的关系为 $0.1\text{nm}/\text{℃}$,这比一般的半导体激光器的性能要好 3~5 倍。DFB 激光器也比一般的半导体激光器有更好的线性响应。

2. 半导体激光器的动力学方程

半导体激光器的动力学行为可以采用 L-K 方程进行描述,这是 Lang 和 Kobayashi 于 1980 年最早建立的。

$$\dot{E} = \frac{1}{2}(1+i\alpha)(G(t)-\gamma_p)E(t) \tag{6.11}$$

$$\dot{N} = J - N(t)/\tau_N - G(t)|E(t)|^2 \tag{6.12}$$

式中:$\dot{E} = dE(t)/dt$;$\dot{N} = dN(t)/dt$;$E(t)$ 是半导体激光器的慢变电场振幅;$N(t)$ 是载流子密度;α 是线宽增强因子;γ_p 是光子衰减率,且 $\gamma_p = 1/\tau_p$,其中,τ_p 是光子寿命;$G(t) = g(N(t)-N_0)/(1+\varepsilon E(t)^2)$,其中,$g$ 是微分增益系数,ε 是增益饱和系数,N_0 是透明载流子密度;J 是驱动电流;τ_N 是载流子寿命。

3. 半导体激光器混沌的产生

由于半导体激光器是 B 类激光器,要使其产生混沌,需要对其附加至少一个自由度。附加自由度的常用方法有三种,分别是调制驱动电流、附加反馈光场和注入相干光场。

1)调制驱动电流

这时式(6.12)中的 J 可以表示为

$$J = J_{\text{dc}} + J_{\text{ac}}\sin\varphi(t) \tag{6.13}$$

式中:$d\varphi/dt = \omega_{\text{mod}}$,$\omega_{\text{mod}}$ 是调制频率。这样速率方程就可以表示为

$$\dot{E} = \frac{1}{2}(1+i\alpha)(G(t)-\gamma_p)E(t) \tag{6.14}$$

$$\dot{N} = J_{\text{dc}} + J_{\text{ac}}\sin\varphi(t) - N(t)/\tau_N - G(t)|E(t)|^2 \tag{6.15}$$

2)附加反馈光场

附加反馈光场就是增加光反馈项:

$$E_f = \gamma E(t-\tau)\exp(-i\omega\tau) \tag{6.16}$$

式中：γ 是反馈强度，τ 是外反馈时间，ω 是激光器的角频率。这样速率方程就可以表示为

$$\dot{E} = \frac{1}{2}(1+i\alpha)(G(t)-\gamma_p)E(t) + \gamma E(t-\tau)\exp(-i\omega\tau) \tag{6.17}$$

$$\dot{N} = J - N(t)/\tau_N - G(t)|E(t)|^2 \tag{6.18}$$

3）注入相干光场

外部注入相干光场半导体激光器系统有驱动激光器和响应激光器构成，这里用 E_i 表示驱动激光器的光场，则注入光场反馈项

$$E_{inj} = \eta E_i(t-\tau_i)\exp(-i\omega_i\tau_i + i\Delta\omega_i t) \tag{6.19}$$

式中：η 是光注入强度；τ_i 为注入延时；$\Delta\omega_i$ 为注入驱动响应激光器的角频率失谐，且 $\Delta\omega_i = 2\pi(f-f_i)$，$f_i$ 和 f 分别是驱动激光器和响应激光器的运行频率。这样响应激光器的速率方程可以表示为

$$\dot{E} = \frac{1}{2}(1+i\alpha)(G(t)-\gamma_p)E(t) + \eta E_i(t-\tau_i)\exp(-i\omega_i\tau_i + i\Delta\omega_i t) \tag{6.20}$$

$$\dot{N} = J - N(t)/\tau_N - G(t)|E(t)|^2 \tag{6.21}$$

4. 数值计算结果

我们以附加反馈光场的方法增加半导体激光器的自由度，依据式（6.17）和式（6.18），从而实现激光器的混沌输出。数值模拟时采用的自由运行半导体激光器的系统参数如表 6.1 所示。我们采用四阶 Runge-Kutta 算法进行微分方程的数值计算。

表 6.1 混沌激光系统参数

参数	参数值
线宽增强因子 α	3.0
光子寿命 τ_p	1.927ps
增益系数 g	$8.40 \times 10^{-13} \text{m}^3 \cdot \text{s}^{-1}$
载流子寿命 τ_N	2.04ns
反馈延迟时间 τ	10.00ns
光的角频率 ω	$1.216 \times 10^{12} \text{rad} \cdot \text{s}^{-1}$
增益饱和系数 ε	1.0×10^{-7}
透明载流子密度 N_0	$2.018 \times 10^{24} \text{m}^{-3}$
注入电荷数强度 J	$9.892 \times 10^{32} \text{m}^{-3} \text{s}^{-1}$

延迟反馈时间为 $\tau = 10\text{ns}$ 时，逐步增大反馈强度 γ，获得了如图 6.5 所示随反馈强度变化的分岔图。从分岔图可以看出，当反馈强度 $\gamma < 0.6\text{ns}^{-1}$ 时，激光器处于锁频区，激光器在这一区域内具有稳定输出；经过锁频区后，在参量区间 $\gamma \in [0.6\text{ns}^{-1}, 1.05\text{ns}^{-1}]$ 激光器的光强随着反馈强度的增大而增大，且系统处于周期一态；$\gamma \in [1.05\text{ns}^{-1}, 1.38\text{ns}^{-1}]$ 时，在周期一、周期三、混沌态之间跳跃，出现了阵发混沌，随后进入混沌状态，这就是典型的由阵发性进入混沌，且存在周期三状态，正是周期三意味着混沌。

图6.6所示为反馈时间 $\tau=10\mathrm{ns}$,反馈强度 $\gamma=14\mathrm{ns}^{-1}$ 时激光器的时域波形图,显然激光器处于混沌状态。从实验系统中也可以获得相似的时域波形(通过示波器观测)。从图中可以看出时间序列为无序状态,但无法看出该时间序列是否包含有某个参量的弱周期性。下面对时间序列做自延迟分析。

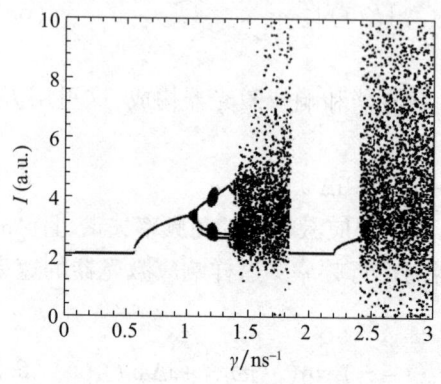

图6.5　半导体激光器混沌分叉图　　　图6.6　DFB半导体激光器混沌时域波形图

当激光器在延时反馈作用下处于混沌状态时,其中心波长会产生一定的红移且谱宽会展宽。如图6.7所示为利用光谱仪测得的激光光谱,(a)、(b)分别为半导体激光器自由状态下的光谱和反馈强度 $\gamma=14\mathrm{ns}^{-1}$ 时的混沌状态的光谱,显然,激光器在反馈作用下产生混沌后,光谱红移0.054nm,且谱线也明显展宽,自由状态下谱宽约为0.01nm,混沌状态下谱较宽约为0.1nm。

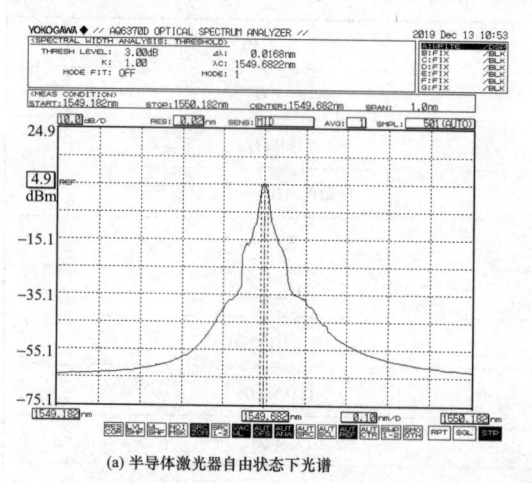
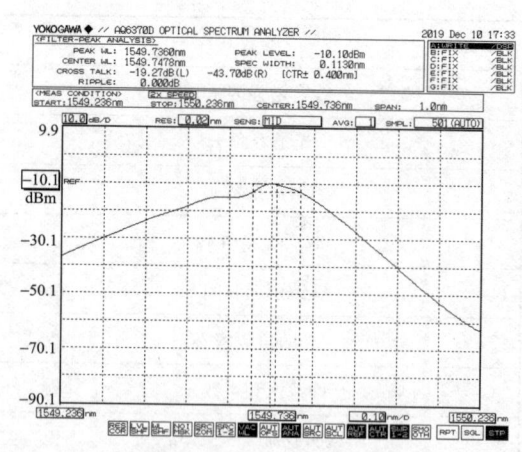

(a) 半导体激光器自由状态下光谱　　　(b) 半导体激光器反馈强度 $\gamma=14\mathrm{ns}^{-1}$ 混沌状态光谱

图6.7　利用光谱仪测得的激光光谱

5. 半导体激光混沌信号随机特性分析

在自延迟反馈条件下,延迟时间可能对随机性产生影响。如图6.8所示,可以明显看到由于外腔反馈引入的周期性,也就是出现延时特征峰,这将影响随机数的质量。因此可以采取一定的措施,比如调节延迟时间和弛豫振荡周期接近、采用双光反馈、双光注入等手段,抑制延时特征峰。此时外腔反馈引入的周期性十分微弱,有利于提取高质量的随机数。

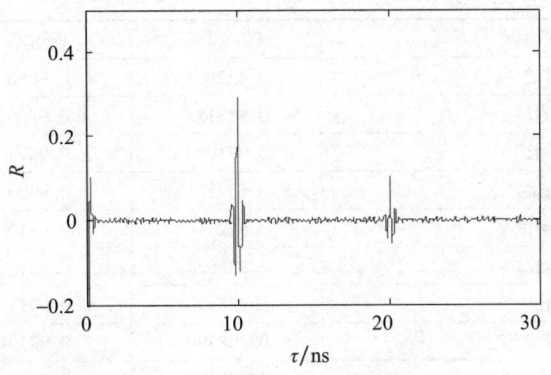

图 6.8　时间随机序列自延迟分析

6. 基于半导体激光混沌的随机数生成

在获得高质量混沌信号的基础上,利用光电转换器把混沌激光信号转为电信号,通过数字示波器对混沌电信号进行采样、存储,利用计算机对采集的数据进行量化,得到基于物理熵源的真随机数。

由图 6.6 的时序图可以得到激光器功率谱如图 6.9 所示,可以看出,功率谱都处于连续谱状态,有效带宽约 16GHz。

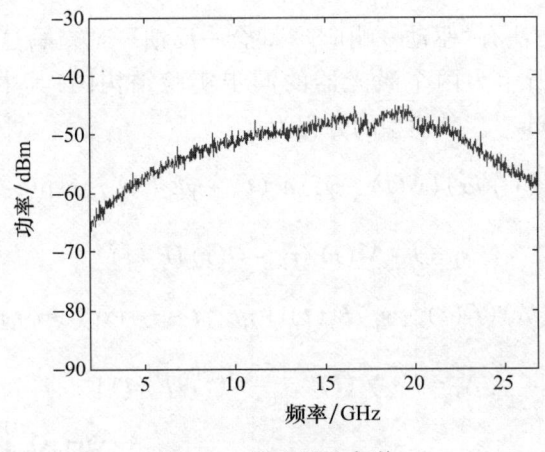

图 6.9　激光器功率谱

根据混沌信号的带宽,合理设定示波器的采样频率,此过程决定了随机数的生成速率。量化采用单阈值量化,阈值的设定以激光器输出的平均功率为参考值。由于混沌信号上下的不对称性,完全采用平均功率作为阈值会影响随机数中 1 与 0 的比例达不到 5∶5,因此需要通过反馈微调阈值,提高随机数的质量。

利用 NIST(国家标准与技术研究所)测试程序对产生的随机信号进行测试分析。NIST 测试总共包含 15 项测试,每项测试结果用 P - value 值与通过率来表示。测试要求对 1000 组 1Mbit 的随机码序列进行测试,P - value 值需要大于 0.001,通过率需要大于 0.9806 才算通过。表 6.2 给出了利用 NIST 程序对一组激光混沌数据进行测试的结果,实验结果表明,随机数性能良好,可以通过 NIST 测试。

表 6.2　随机数序列的测试结果

统计测试内容	P-value	通过率	结果
频数测试	0.432971	0.9860	通过
块频数测试	0.883173	0.9950	通过
累加和测试	0.371983	0.9874	通过
游程测试	0.637523	0.9900	通过
长游程测试	0.672314	0.9930	通过
矩阵秩测试	0.925678	0.9812	通过
频谱测试	0.235190	0.9937	通过
非重叠模块匹配测试	0.208390	0.9890	通过
重叠模块匹配测试	0.779188	0.9900	通过
通用统计测试	0.458123	0.9900	通过
近似熵测试	0.567102	0.9870	通过
随机游走测试	0.283246	0.9981	通过
随机游走状态频数测试	0.768686	0.9908	通过
序列测试	0.233879	0.9919	通过
线性复杂度测试	0.334538	0.9910	通过

6.2.4　半导体激光器的混沌同步

激光混沌同步的方法有"驱动—响应""耦合—反馈"等方法,这里主要介绍"驱动—响应"方案。图 6.10 所示为两个激光器的同步实验结构图,其中注入延迟时间 τ_i = 2.7ns,注入强度 $\eta = 20\text{ns}^{-1}$。其模型的方程为

$$\dot{E}_i = \frac{1}{2}(1+i\alpha)(G(t)-\gamma_p)E_i(t) + \gamma E_i(t-\tau)\exp(-i\omega\tau) \quad (6.22)$$

$$\dot{N}_i = J - N_i(t)/\tau_N - G(t)|E_i(t)|^2 \quad (6.23)$$

$$\dot{E}_s = \frac{1}{2}(1+i\alpha)(G(t)-\gamma_p)E_s(t) + \eta E_i(t-\tau_i)\exp(-i\omega_i\tau_i + i\Delta\omega_i t) \quad (6.24)$$

$$\dot{N}_s = J - N_s(t)/\tau_N - G(t)|E_s(t)|^2 \quad (6.25)$$

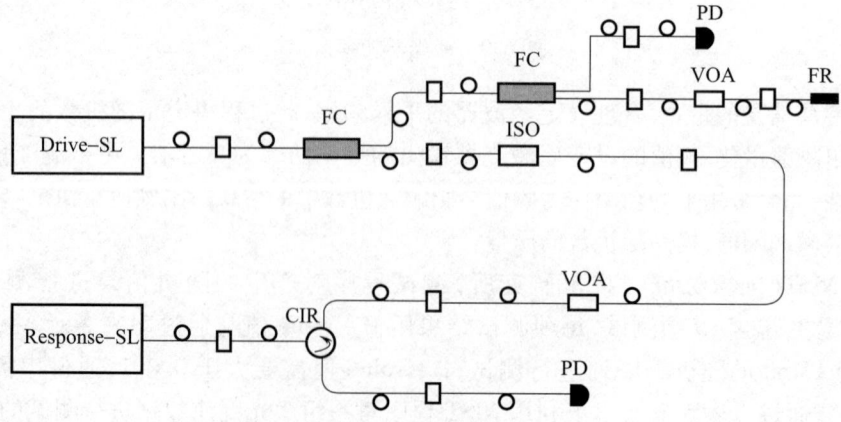

图 6.10　两个激光器同步实验结构图

驱动激光器具有反馈系统,响应激光器没有反馈系统,如果两个激光器具有相同的参数,合适调节注入光的强度以及频率失谐,则可以实现两个激光器同步。实际上,由于外界扰动,初始条件的差别,系统参数失配等原因的影响,两个驱动—响应激光混沌系统的激光场振幅,相位以及载流子数的同步很难长期保持。控制外界扰动,仔细调节注入强度和参数失配等条件,可以得到驱动—响应激光器同步达到同步状态。图 6.11 为由实验获得的两激光器达到混沌同步时的时间序列图,图 6.12 为两激光器达到混沌同步时的相图。利用所得的实验数据计算了两激光器的相关系数,响应激光器与驱动激光器的相关系数达到 0.9732。可见,驱动—响应激光器达到了很好的同步。需要说明的是,时间序列图上存在一定的延迟,是由两者传输时间稍有不同引起的。

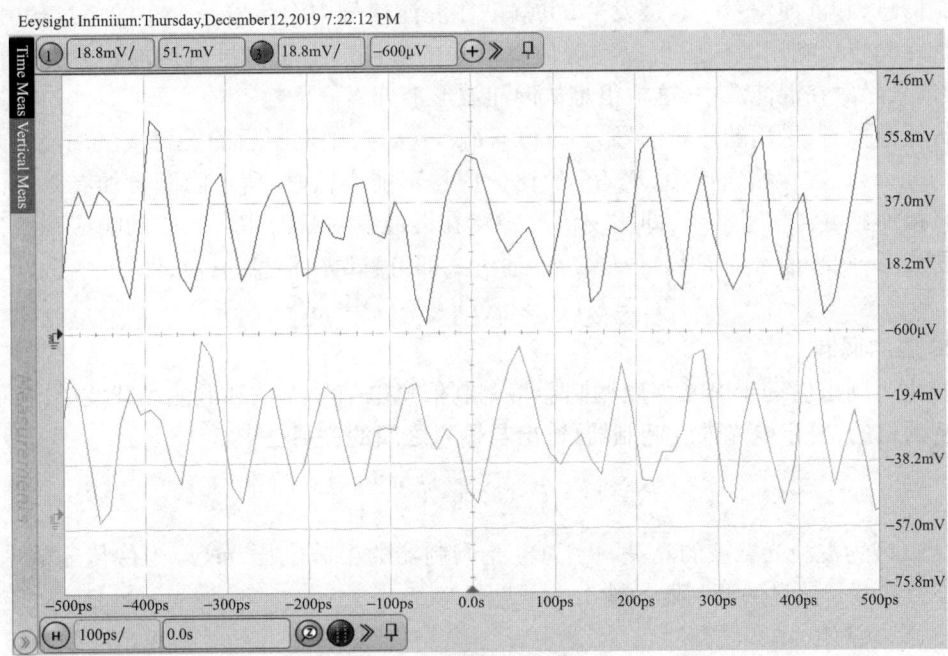

图 6.11　两激光器达到混沌同步时的时间序列图

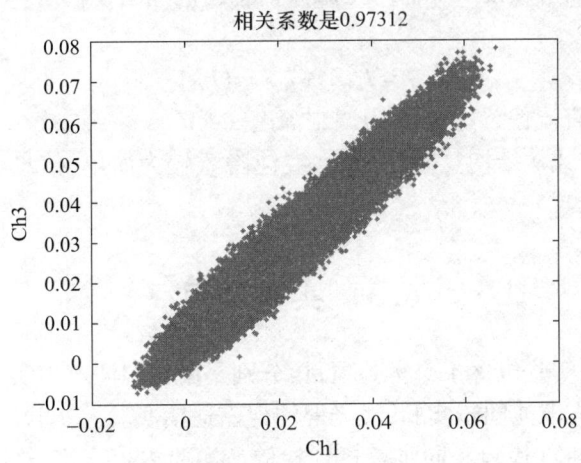

图 6.12　两激光器达到混沌同步时的相图

6.2.5 激光混沌保密通信

保密通信要求对信号的调制尽可能无序,以提高反破译能力,激光混沌随机性强,同步鲁棒性好,因此激光混沌是保密通信中最好的载波之一。在混沌传递信息和混沌调制方面,常见的有混沌隐藏(Chaotic Masking)、混沌调制(Chaotic Modulation)、混沌键控等方式。

1. 混沌隐藏

调制保密通信中的混沌隐藏技术正是利用了混沌波变化复杂无序随机的特点。假设 $m(t)$ 是调制后的所要发送的信息信号,混沌隐藏就是发送信号 $m(t)$ 直接加到混沌信号波中调制信息,和混沌信号一起被发射,也就是在混沌信号中隐藏着一个小的信息信号,接收系统在同步后利用减法就可以实现信息信号的解调。由于信号直接加到混沌信号波中,即信息隐藏在混沌波中,这样很难从混沌波形上分离信息。

数值模拟时,采用的信息信号为 $m(t) = E_m \sin(\omega t)$,则调制后的发射载波混沌信号为 $E_i(t) + m(t)$。在保密通信中,E_m/E_i 的比值应尽可能小,这样信息隐藏更加有效。由于信息直接加到混沌信号波中,即实现信息隐藏在混沌发射载波中。当驱动响应系统达到混沌同步后,同步信号为 $E_i(t) \approx E_s(t)$。通过式即可解调出信息 $m(t)$,即

$$m(t) = E_i(t) + m(t) - E_s(t) \approx m(t) \tag{6.26}$$

2. 混沌调制

混沌调制是借助于电光强度调制器将调制信息电信号加载到混沌光载波中,从而达到保密的目的,对于电光强度调制器,输出与输入之间的关系是

$$P_{\text{out}}(t) = P_{\text{in}}(t) \cos^2\left(\frac{\pi}{2} \frac{m(t)}{V_\pi}\right) \tag{6.27}$$

式中:$P_{\text{in}}(t)$ 为混沌光载波的功率,V_π 为电光调制器的半波电压,$m(t)$ 为待传输的信息,$P_{\text{out}}(t)$ 为隐藏了信息的调制器的输出。

3. 混沌键控

混沌键控就是将信息 $m(t)$ 通过偏置电路加载到激光器的泵浦电流上,该 $m(t)$ 为数字键控通断信号,从而可以使激光器产生隐藏信息的混沌激光输出。此时,激光器的泵浦电流表达式为

$$J = J_b[1 + k \times m(t)] \tag{6.28}$$

式中:J_b 为激光器的直流偏置电流,k 为调制深度。

三种信息加载方式从结构复杂性上看,混沌隐藏较为简单,信息速率也较高,但是混沌隐藏的保密性较低。

6.3 实验项目

光混沌保密通信实验包含4个实验项目,分别是激光混沌产生实验;激光混沌随机数采集和检测实验;激光混沌同步实验;激光混沌保密通信实验。实验内容涵盖了混沌光的产生、调制、解调、随机性检验和同步鲁棒性检验。实验内容丰富、难度适中,有助于大家对激光混沌保密通信技术的深入理解。

实验 6.1　激光混沌产生实验

【实验目的】
1. 掌握光纤光路调节等基本实验操作技能。
2. 测量激光器的电流和功率曲线图。
3. 理解激光混沌基本原理。

【实验仪器】
激光器、法兰、光纤、光纤耦合器、光纤反射镜、光纤衰减器、光电转换器、光功率计、光谱仪、示波器。

【实验内容】
1. 测量电流和光功率曲线图,确定阈值电流。
2. 观测激光经过光纤反馈后产生的激光混沌现象。

【实验步骤与数据记录】
1. 连接光功率计,打开激光器驱动系统电源。
2. 逐渐增加电流值,测量电流和光功率计,确定阈值电流。
3. 逐渐增加电流值,观察光谱图。
4. 正确连接耦合器、光纤衰减器、光纤反射镜、光电探测器和示波器。将电流值调节到阈值电流以上,使其出射激光。
5. 调节光纤衰减器,从示波器上可以看到从稳态进入混沌态,找出并测量最佳的反馈光强值。

【思考题】
1. 不同的光纤端面对激光混沌的产生有什么影响?
2. 为什么要标定阈值电流?

实验 6.2　激光混沌随机数采集和检测实验

【实验目的】
1. 掌握激光混沌随机数采集技能;
2. 掌握自相关函数图的绘制;
3. 学会激光混沌随机性检测技能。

【实验仪器】
激光器、法兰、光纤、光纤耦合器、光纤反射镜、光纤衰减器、光电转换器、光功率计、光谱仪、示波器。

【实验内容】
在产生激光混沌的基础上,进行激光混沌随机数的采集和检验实验。

【实验步骤与数据记录】
1. 正确连接光路,打开激光器驱动系统电源,合理调节光纤衰减器使出射合适的激光混沌现象。
2. 利用示波器进行采样,设置不同的采样速率进行数据采集。
3. 绘制激光混沌序列的自相关函数图。

4. 将采集的数据导入 NIST 软件进行随机性检验测试。

【思考题】

1. 调节光纤衰减器,使混沌状态减弱,试问对随机性有什么影响?
2. 为什么要研究自相关函数图?

实验 6.3　激光混沌同步实验

【实验目的】

1. 掌握同步光路的调节。
2. 学会互相关系数的计算。

【实验仪器】

激光器、法兰、光纤、光纤耦合器、光纤反射镜、光纤衰减器、光电转换器、光功率计、光谱仪、示波器。

【实验内容】

观测激光混沌同步现象,采集并计算互相关系数。

【实验步骤与数据记录】

1. 准备两台激光器,分别是驱动激光器和响应激光器,打开激光器驱动系统电源。
2. 利用光谱仪观测,调节电流值和温度设置使两台激光器的中心频率基本一致。
3. 搭建驱动激光器的混沌产生光路,使驱动激光器产生激光混沌现象。
4. 将驱动激光器的混沌光注入响应激光器,合适调节注入光的大小,即可产生激光混沌同步。
5. 合理控制光纤和射频线的长度,即可在示波器上同时观测到同步的效果。
6. 利用示波器采集数据,计算互相关系数。

【思考题】

1. 影响同步系数的因素有哪些?
2. 是否可以用示波器的李萨如图进行观测,确定同步现象?

实验 6.4　激光混沌保密通信实验

【实验目的】

1. 掌握混沌隐藏模拟调制方式。
2. 学会激光混沌保密通信实验调节。

【实验仪器】

激光器、法兰、光纤、光纤耦合器、光纤反射镜、光纤衰减器、光电转换器、光功率计、光谱仪、示波器、信号发生器。

【实验内容】

运用混沌隐藏方法进行模拟调制,实现激光混沌保密通信。

【实验步骤与数据记录】

1. 将驱动—响应激光器调整至同步状态,应使互相关系数大于 0.95。
2. 利用信号调制激光器产生正弦或者脉冲信号,并利用耦合器将信号光耦合到混沌载波中进行传输。

3. 在示波器上观察混沌隐藏后的混沌光图样。

4. 接收端分束后利用混沌同步光进行解调。

5. 在示波器上观察或者用 Matlab 绘制解调后的信号图样。

【思考题】

1. 调制幅度对加密效果的影响？

2. 信号解调的质量如何量化？

参考文献

1. 颜森林. 激光混沌保密通信理论与应用[M]. 北京：国防工业出版社，2015.
2. 沈柯. 光学中的混沌[M]. 长春：东北师范大学出版社，1999.
3. 张洪钧. 光学混沌[M]. 上海：上海科技教育出版社，1997.
4. Atsushi Uchida. Optical Communication with Chaotic Lasers：Applications of Nonlinear Dynamicsand Synchronization[M]. WILEY – VCHVerlag GmbH &Co. KgaA，2012.
5. 李福利. 高等激光物理学[M]. 第2版. 北京：高等教育出版社，2006.

第7章 红外物理与光电对抗实验

简要介绍红外物理和光电对抗基本知识,包括红外辐射的产生、传输及探测过程中的现象、机理、特征和规律,以及光电对抗特点和分类。在此基础上,通过材料的特性研究实验、红外发射管的特性研究实验、红外接收管的伏安特性研究实验、光电探测与侦查报警实验、光电信号解析与干扰实验等5个实验,使学生对红外通信、光电对抗及其在军事上的应用有一个初步了解。

7.1 引言

自从1800年英国天文学家威廉·赫歇尔(W. Herschel)发现红外线以来,红外科学经历了一个漫长而不平坦的道路。首先,随着整个物理学的发展,人们花了一百多年的时间去认识红外辐射的本质和建立基本的辐射定律,为红外科学奠定了理论基础。其次,随着红外辐射源、红外辐射探测技术及红外光谱学的研究进展和应用,以1961年国际性学术刊物 Infrared Physics 的创刊为标志,红外物理学成为一门新兴分支学科。

随着红外物理及相关技术的发展,红外技术已得到广泛应用。由于红外系统比普通的电磁雷达系统分辨率高,隐蔽性好,且不易受电子干扰,在军事上占有举足轻重的地位。红外成像、红外侦察、红外跟踪、红外制导、红外预警、红外对抗等在现代和未来战争中都是很重要的战略和战术手段。

7.2 红外物理基础

7.2.1 红外辐射的基本概念

我们知道物质内部的带电粒子在不停地做变速运动,根据电磁理论,带电粒子的变速运动都会发射或吸收电磁辐射。因此,一切物质都在不停地发射和吸收电磁辐射。电磁辐射在空间传播过程中所携带的能量,称为电磁辐射能。我们日常生活中遇到的 γ 射线、X 射线、紫外线、可见光、红外线、微波、无线电波等都是电磁辐射。由于产生和探测这些辐射的方法不同,历史上就形成了上述各种不同的名称,但本质上是一样的,统称为电磁辐射。如图7.1所示,把这些电磁辐射按波长大小排列起来就构成一个连续谱,称为电磁波谱。通常把红外线、可见光、紫外线称为光辐射。

红外线也称红外辐射,是1800年英国天文学家威廉.赫歇尔在研究太阳七色光的热效应时发现的。他利用分光棱镜把太阳光分解成从红到紫的不同色区,然后用水银温度计测量不同颜色光的热效应,他发现:把水银温度计移到红光边界以外的暗区时,温度反而比红光区域高。后来赫歇尔与其他科学家用火焰、烛光、火炉等光源和热源做实验,都观察到了类似现象。说明在红光外侧,确实存在人眼看不见的"热线",后来称为红外线。

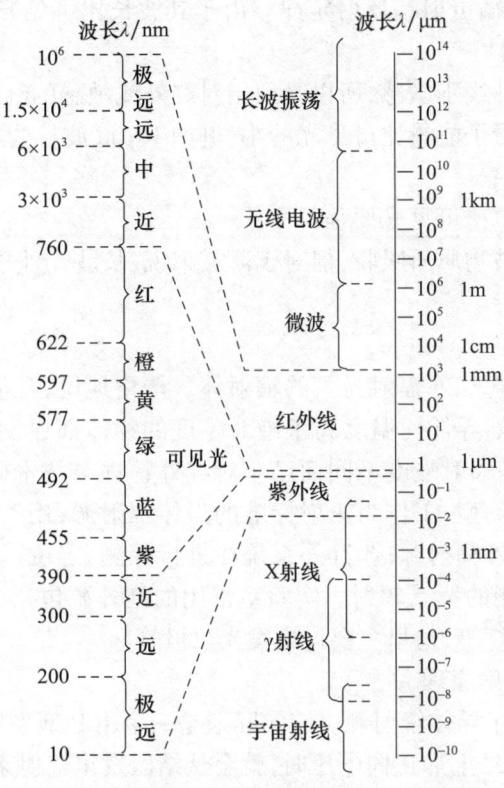

图 7.1 电磁波谱

现代光学中通常把波长介于微波与可见光之间的电磁波称为红外线,其波长范围在 0.76~1000μm 之间。它与其他波长的电磁波具有共同的特征,都以横波的形式在空间传播。根据红外辐射的产生机理与方法、传输特性和探测方法的不同,把整个红外光谱区划分为近红外(0.76~3μm)、中红外(3~6μm)、远红外(6~15μm)和极远红外(15~1000μm)四个波段。这种划分方法是考虑了不同波长的红外辐射在地球大气层中传输时的穿透能力而确定的。如图 7.2 所示,在前三个波段中,每一个波段都至少包含一个大气窗口。所谓大气窗口,是指在这一波段内,大气对红外辐射基本上是透明的。

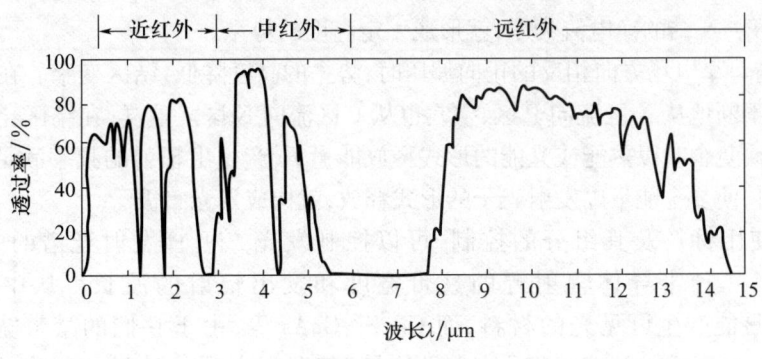

图 7.2 红外大气窗口

虽然红外辐射是一种不可见的射线,但其本质和可见光并无差别,具有诸如干涉、衍射、偏振等波动性,也遵循折射和反射定律。由于其波长比可见光长,因此红外辐射还具有与可见光不一样的特性:

(1) 人的眼睛对红外线不敏感,所以必须用对红外线敏感的红外探测器才能探测到;

(2) 红外辐射的光量子能量比可见光的小,例如 $10\mu m$ 波长的红外光子的能量大约是可见光光子能量的 $1/20$;

(3) 红外光的热效应比可见光要强得多;

(4) 红外辐射更易被物质所吸收,但对于薄雾来说,长波红外辐射更容易通过。

7.2.2 红外辐射源

红外辐射源是以发射红外辐射为主的辐射体。严格地说,凡能发射红外光的物体都可称为红外辐射源。自然界任何温度高于绝对零度的物体都在发射红外光,因此任何物体都是红外辐射源,只是辐射强度不同而已。对红外物理与技术研究具有实际意义的红外辐射源主要包括四种类型:①作为辐射标准的黑体辐射源,用于红外设备的绝对校准;②红外技术中应用的红外辐射源;③红外系统在进行探测、定位、识别时使用的红外目标源;④干扰红外系统探测的背景辐射。实验室常用的红外源包括能斯特灯、发光硅碳棒、钨带灯、发光二极管、汞灯等,这里主要讨论发光二极管。

1. 发光二极管的辐射原理

发光二极管是一种半导体辐射源。它实际上是一个由 P 型半导体和 N 型半导体组合而成的二极管,在 P-N 结上加正向电压时,就会从结区发出辐射来。

P 型半导体中有相当数量的空穴,几乎没有自由电子。N 型半导体中有相当数量的自由电子,几乎没有空穴。当两种半导体结合在一起时,N 区的电子(带负电)向 P 区扩散,空穴被来自 N 区的电子复合,P 区的空穴(带正电)向 N 区扩散,电子被来自 P 区的空穴复合。由于扩散,在 P-N 结附近形成空间电荷,在 P 区一边是负电,在 N 区一边是正电,如图 7.3 所示,在 P-N 结区,就形成了势垒电场。势垒电场的方向

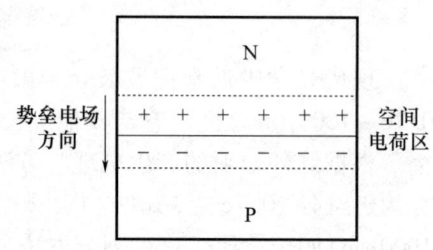

图 7.3 半导体 P-N 结示意图

是阻止电子和空穴进一步扩散,使载流子向扩散的反方向作漂移运动,最终扩散与漂移达到平衡,使流过 P-N 结的净电流为零,就形成一定高度的势垒。

当加上与势垒电场方向相反的正向偏压时,势垒的高度降低,结区变窄。在外电场作用下,电子源源不断地从 N 区流向 P 区,空穴也从 P 区流向 N 区。这样,在结区会有大量的电子与空穴复合,复合时以热能或光能的形式释放能量 E,产生出辐射的频率满足 $E=h\nu$。采用适当的材料,使复合能量以发射光子的形式释放,就构成发光二极管。

通过对使用材料及其组分的控制,可以控制发光二极管发射光谱的中心波长。表 7.1 列出了几种半导体辐射源的禁带宽度和发出辐射的波长。从中可以看出,$GaAs_{1-x}P_x$ 等是能产生可见光的材料,而 Ge、Si、GaAs 等,由于它们的禁带宽度较小,因此辐射位于红外区域。注意,不同的半导体灯,甚至于由同一种材料制作的灯,其峰值波长也不一样。

表 7.1　几种半导体材料的禁带宽度和辐射波长限

材料	Ge	Si	GaAs	InAs	InSb	GaAs$_{1-x}$P$_x$
禁带宽度 E_g/eV	0.67	1.12	1.35	0.39	0.23	1.43~2.26
辐射波长限 λ_0/μm	1.86	1.11	0.92	3.19	5.40	0.87~0.55

2. 发光二极管的特性

(1) 发光二极管的伏安特性曲线如图 7.4(a) 所示。从图中可见，发光二极管的伏安特性与一般的二极管类似。在伏安特性曲线的起始部分，由于正向电压较小，外电场还不足以克服 P-N 结的内电场，因而这时的正向电流几乎为零，二极管呈现出一个大电阻，好像有一个门坎。当正向电压大于门坎电压时，内电场大为削弱，电流因而迅速增长，二极管正向导通。

(2) 发光二极管的输出特性如图 7.4(b) 所示。从图中可见，发光二极管输出光功率与驱动电流近似呈线性关系。这是因为：驱动电流与注入 P-N 结的电荷数成正比，在复合发光的量子效率一定的情况下，输出光功率与注入电荷数成正比。

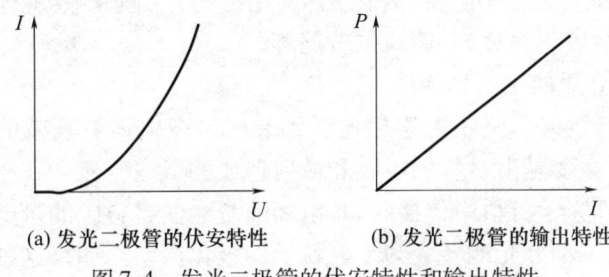

(a) 发光二极管的伏安特性　　　(b) 发光二极管的输出特性

图 7.4　发光二极管的伏安特性和输出特性

(3) 发光二极管的发射强度随发射方向而异，方向特性如图 7.5 所示。发射强度是以最大值为基准，当方向角度为零度时，其发射强度定义为 100%。当方向角度增大时，其发射强度相对减少，强度为光轴方向强度一半时，其值即为峰值的一半，对应的角度称为方向半值角，半值角越小元件的指向性越好。

一般发射红外线的发光二极管均附有透镜，使其指向性更灵敏，而图 7.5(a) 的曲线就是附有透镜的情况，方向半值角大约在 ±7°。图 7.5(b) 所示的曲线为另一种型号的元件，方向半值角大约在 ±50°。

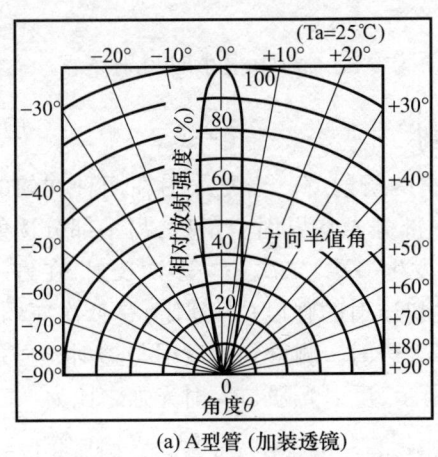
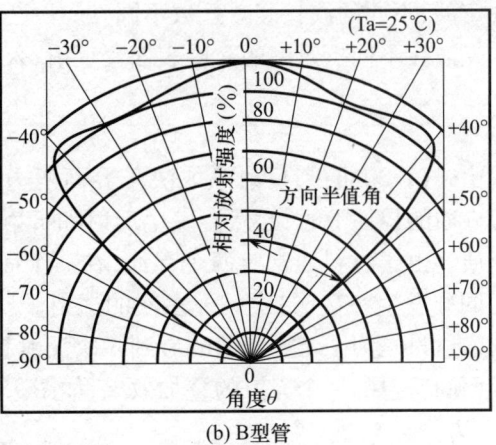

(a) A 型管（加装透镜）　　　　　(b) B 型管

图 7.5　两种红外发光二极管的角度特性曲线图

7.2.3 红外辐射在介质中的传输

来自红外源的辐射,经空气传输后,在到达红外系统探测器响应面之前,总要通过各种材料介质,当红外辐射在介质中传输时,将发生反射、折射、吸收、散射、透射、偏振与色散。红外辐射与介质相互作用时发生的各种现象,既与红外光的波长有关,也与介质的材料有关。

1. 红外光学材料

可以透过红外光的光学材料有很多,但没有一种材料可以使整个红外波段的光都能透过。普通的光学材料由于在红外波段衰减较大,通常并不适用于红外波段。常用的红外光学材料包括:①石英晶体及石英玻璃,它们在 $0.14 \sim 4.53 \mu m$ 的波长范围内都有较高的透射率;②半导体材料及它们的化合物,如:锗、硅、金刚石、氮化硅、碳化硅、砷化镓、磷化镓等;③氟化物晶体,如:氟化钙、氟化镁等;④氧化物晶体,如:蓝宝石单晶(Al_2O_3)、尖晶石($MgAl_2O_4$)、氮氧化铝、氧化镁、氧化钇、氧化锆等;⑤硫化物、硒化物晶体,如:硫化锌、硒化锌等;⑥一些硫化物玻璃,锗硫系玻璃等。

2. 红外辐射与介质的相互作用

辐射在介质中传输时总是不可避免地受到衰减。产生辐射衰减的机理,除了材料表面的反射损耗以外,主要是由材料的吸收和散射造成的。

光在实际的红外光学材料中传播时,其电场矢量会使材料中的带电粒子发生极化,并做受迫振动,这就使一部分光能转变为带电粒子的极化振动。如果这种振动和其他电子、原子或分子发生作用,则振动能量又转化为电子、原子或分子的平均动能,使得材料的温度有所变化,这就形成了对光的吸收。当然,不同的材料对光的吸收机制是不同的。假设强度为 I_0 的光垂直入射进入材料表面,忽略反射的情况下,经过 x 距离后光强的衰减 dI 与 I 和 dx 成正比:

$$dI = -\alpha I dx \tag{7.1}$$

对式(7.1)积分,可得出光线在通过厚度为 L 的材料后的强度:

$$I = I_0 e^{-\alpha L} \tag{7.2}$$

式(7.2)就是朗伯定律,α 称为衰减系数。材料的衰减系数是由材料本身的结构及性质决定的,不同的波长衰减系数不同。

光波在不同折射率的介质表面会反射,入射角为零或入射角很小时反射率:

$$R = \left(\frac{n_1 - n_2}{n_1 + n_2}\right)^2 \tag{7.3}$$

由式(7.3)可见,反射率取决于界面两边材料的折射率。当光入射在两种均匀的无损耗介质的界面上时,必然会发生反射和折射,一部分光从界面上反射,另一部分透射进入介质。由于材料通常有两个界面,在一个面上发生一次、二次……多次反射,在另一个面上同样发生一次、二次……多次的透射。反射和透射的强度(百分比)是依次减弱,用倾斜入射只是为了能更清楚的看到多次反射和多次透射。测量到的反射与透射光强是在两界面间反射的多个光束的叠加效果,如图7.6所示,反射光强与入射光强之比为

$$\frac{I_R}{I_0} = R[1 + (1-R)^2 e^{-2\alpha L}(1 + R^2 e^{-2\alpha L} + R^4 e^{-4\alpha L} + \cdots)] = R\left[1 + \frac{(1-R)^2 e^{-2\alpha L}}{1 - R^2 e^{-2\alpha L}}\right] \tag{7.4}$$

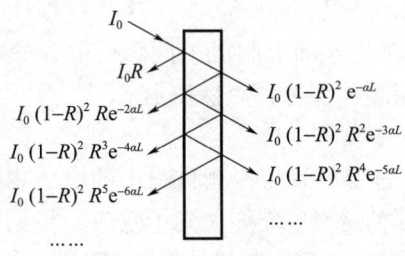

图7.6 透射与反射强度

透射光强与入射光强之比为

$$\frac{I_T}{I_0} = (1-R)^2 e^{-\alpha L}(1 + R^2 e^{-2\alpha L} + R^4 e^{-4\alpha L} + \cdots) = \frac{(1-R)^2 e^{-\alpha L}}{1 - R^2 e^{-2\alpha L}} \tag{7.5}$$

原则上,测量出 I_0、I_R、I_T,联立式(7.4)、式(7.5),可以求出 R 与 α(不一定是解析解)。下面讨论两种特殊情况下求 R 与 α。

对于衰减可忽略不计的红外光学材料,$\alpha = 0$,$e^{-\alpha L} = 1$,由式(7.5)可解出:

$$R = \frac{I_R/I_0}{2 - I_R/I_0} \tag{7.6}$$

对于衰减较大的非红外光学材料,可以认为多次反射的光线经材料衰减后光强度接近零,对图7.6中的反射光线与透射光线都可只取第一项,此时:

$$R = \frac{I_R}{I_0} \tag{7.7}$$

$$\alpha = \frac{1}{L} \ln \frac{I_0 (1-R)^2}{I_T} \tag{7.8}$$

由于空气的折射率为1,求出反射率后,可由式(7.3)解出材料的折射率:

$$n = \frac{1 + \sqrt{R}}{1 - \sqrt{R}} \tag{7.9}$$

很多红外光学材料的折射率比较高,在空气与红外材料的界面会产生较大的反射损耗。例如:硫化锌的折射率为2.2,反射率为14%,锗的折射率为4,反射率为36%。显然,为了提高透射率,必须设法消除或减小反射损耗,解决的方法是在表面镀上合适的介质薄膜,称为增透膜或抗反射膜,利用光在膜的表面上光的干涉相消的原理,使反射损耗减小,提高光学元件的透过率。

7.2.4 红外辐射的探测

红外探测系统的核心是红外探测器。红外探测器是把入射红外光转变成其他形式能量的红外辐射能量转换器,通常是把红外辐射转换成电能,然后用电子技术进行测量。根据探测过程的机理,红外探测器可分为两大类:一类是应用热效应的热探测器,另一类是利用各种光子效应的光子探测器。

1. 热探测器

热探测器是根据入射红外光的热效应引起探测材料某一物理性质变化而工作的一类探测器。探测材料因吸收入射红外光,温度升高,可以产生温差电动势、电阻率变化、自发极化强度变化、或者气体体积与压强变化等,测量这些物理性质的变化,就能够测量被吸收的红外辐射能量或功率。在此基础上制成了测辐射温差热电偶和热电堆、热敏电阻探测器、热释电探测器和气动探测器等各种热探测器。

2. 光子探测器

光子探测器是利用入射的光子流与探测材料中的电子之间直接相互作用,从而改变电子能量状态,引起各种电学现象,并统称为光子效应。根据引起的光子效应的大小,可以测量被吸收的光子数。利用光子效应制成的红外探测器,大多数用的都是半导体材料。在众多光子效应中,光电导、光伏和光电发射效应应用最为广泛。

1) 光电发射探测器

光电发射探测器是利用外光电效应制成的探测器件,其核心是光电管或光电倍增管。我们都知道,每种材料都有其红限频率,相应地也就存在阈值波长,这就是该光电发射探测器的阈值波长。当红外光的波长大于该阈值波长时,就不能被该探测器探测到。这种探测器由其产生的光电流大小表征红外辐射的强弱,因为光电流的大小与入射光强呈线性关系。

2) 光电导探测器

光照变化引起半导体材料电导变化的现象称光电导效应。当光照射到半导体材料上时,材料吸收光子的能量,引起载流子浓度增大,因而导致材料电导率增大。主要有本征光电导与非本征光电导。当照射的光子能量 $h\nu$ 等于或大于本征半导体的禁带宽度 E_g 时,光子能够将价带电子跃迁至导带,使导带电子数和价带的空穴数均增加,产生自由电子—空穴对,从而增加了半导体的电导率,这就是本征光电导,如图 7.7(a) 所示。若光子激发杂质半导体,光子没有足够能量产生自由电子—空穴对,但能使电子从施主能级跃迁到导带或从价带跃迁到受主能级,产生自由电子或自由空穴,从而增加材料电导率,这就是非本征光电导效应,如图 7.7(b) 所示。由于光子所激发的载流子仍保留在材料内部,所以光电导是一种内光电效应,利用半导体材料的光电导效应制作的探测器是光电导探测器。光电导探测器应用的电路如图 7.8 所示,入射辐射使光电导探测器的电导发生变化,从而在负载两端产生正比于入射辐射的信号。

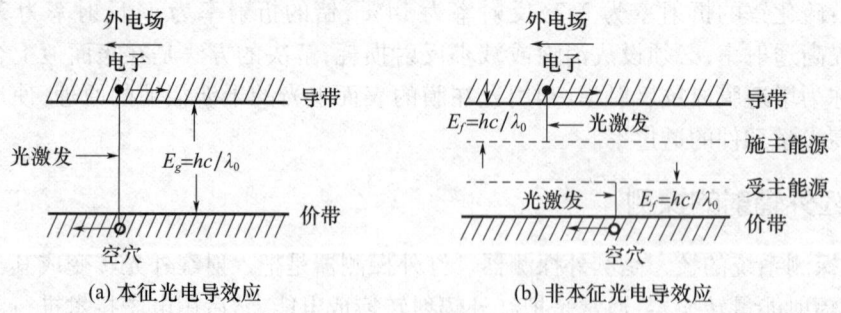

(a) 本征光电导效应　　　　　　(b) 非本征光电导效应

图 7.7　光电导

3) 光伏探测器

光伏效应是另一种应用广泛的内光电效应,它与光电导效应不同之处在于需要一个内部势垒,把光子激发产生的电子—空穴对分开。虽然非本征光伏效应也是可能的,但几乎所有实用的光伏探测器都采用本征的光伏效应,通常用 P-N 结来实现这种效应。

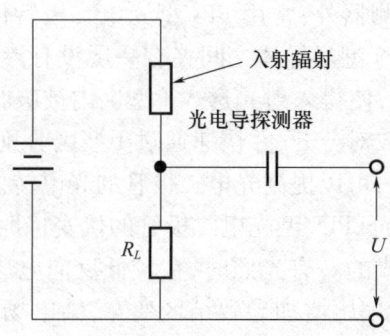

图 7.8　光电导探测器的应用电路

图 7.9 所示为利用 P-N 结产生光伏效应的原理图。当入射光子在 P-N 结及其附近产生电子—空穴对时,光生载流子受势垒区电场作用,电子漂移到 N 区,空穴漂移到 P 区,形成光电流。如果外电路把 P 区和 N 区短接,就产生反向的短路信号电流,假若外接电路开路,则光生的电子和空穴分别在 N 区和 P 区积累,两端便产生电动势,这称为光生伏特效应,简称光伏效应。

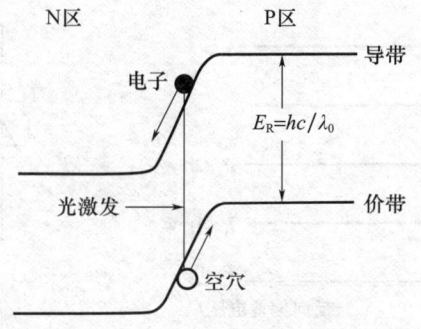

图 7.9　PN 结上的光电激发图

利用光伏效应的光伏探测器都是用单晶材料制作。所用材料和光电导探测器的材料基本相同。结型光伏探测器工作时不需要偏置电压。如果加上反向偏压工作的探测器也常称作光电二极管。图 7.10 是光电二极管的伏安特性曲线。没有光照时,反向电流很小,称为暗电流。当有光照时,则入射光会使反向电流增加,这时测到的光电信号是光电流。在图中标注了开路光电压和短接光电流以说明两种不同的工作状态。

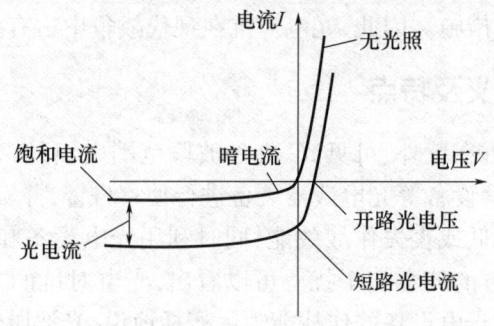

图 7.10　光电二极管的伏安特性

除了上述简单的结型探测器外,常用PIN型光电二极管作光电转换。它与普通光电二极管的区别在于在P型和N型半导体之间夹有一层没有渗入杂质的本征半导体材料,称为I型区,其表面做得很薄,使得入射光透入I型区内被吸收,产生电子—空穴对。I型区内的电场使光生电子—空穴对分开,并快速通过I型区分别进入N区和P区。这样的结构使结区更宽,结电容更小,可以提高光电二极管的光电转换效率和响应速度。

图7.11是反向偏置电压下PIN型光电二极管的伏安特性。无光照时的暗电流很小,它是由少数载流子的漂移形成的。有光照时,在较低反向电压下光电流随反向电压的增加有一定升高,这是因为反向偏压增加导致结区变宽,结电场增强,提高了光生载流子的收集效率。当反向偏压进一步增加时,光生载流子的收集接近极限,光电流趋于饱和,此时,光电流仅取决于入射光功率。在适当的反向偏置电压下,入射光功率与饱和光电流之间呈较好的线性关系。

图7.12是光电转换电路,PIN型光电二极管接在晶体管基极,集电极电流与基极电流之间有固定的放大关系,基极电流与入射光功率成正比,则流过R的电流与R两端的电压也与光功率成正比。

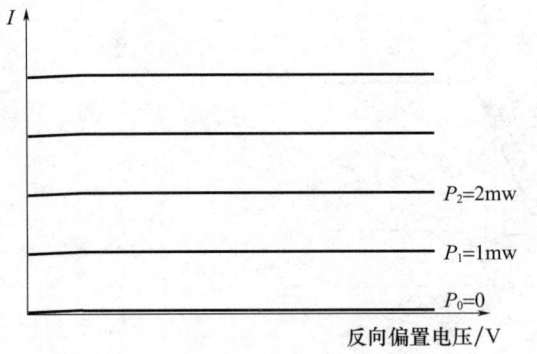

图7.11 饱和光电流下的伏安特性

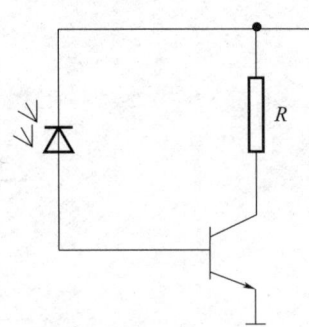

图7.12 简单的光电转换电路

7.3 光电对抗

现代战争中,谁获取的战场信息多,谁就对战争拥有更多的主动权。为了获得战争主动权,提高精确打击命中概率,同时为了保护己方光电信号不被截获、干扰,光电设施不被破坏,均须采取光电对抗措施。因此,光电对抗在现代战争中占有极其重要的地位。

7.3.1 光电对抗的定义及特点

光电对抗指敌对双方在紫外、可见光、红外波段范围内,利用光电设备和器材对敌方光电制导武器和光电侦察设备等光电武器装备进行侦察告警,并实施干扰或摧毁,使敌方的光电武器装备削弱、降低或丧失作战效能;同时利用光电设备和器材,有效地保护己方光电设备和人员免遭敌方的侦察和干扰。可以看出,光电对抗的本质是降低敌方光电设备的作战效能,发挥己方光电设备的作战能力。概括地说,光波段侦察干扰及反侦察抗干扰所采取的各种战术技术措施的总称叫做光电对抗。光电对抗是否有效必须满足的基本条件是光电频谱匹配性、干扰视场相关性。

(1) 光电频谱匹配性:在此指干扰光电频谱必须覆盖或等同被干扰目标的光电频谱。如对没有明显红外辐射特征的地面重点目标防护,一般容易受到具有目标指示功能的激光制导武器的攻击,因此激光欺骗干扰和激光致盲干扰都选用 $1.06\mu m$ 和 $10.6\mu m$ 来对抗相应的敌方激光装备;对具有明显红外辐射特征的动目标(如飞机)一般受到红外制导导弹的攻击,红外诱饵及红外有源干扰波段与红外制导光电频谱相同,一般选在 $1\sim3\mu m$ 和 $3\sim5\mu m$。

(2) 干扰视场相关性:光电侦察、光电制导和光电对抗均具有方向性较好的光学视场,干扰信号必须在被对抗的敌方装备光学视场范围内,否则敌方光电装备探测不到干扰信号,干扰将是无效的。

除此之外,对于不同的对抗,还需要满足其特殊需要。对于光电制导武器的光电对抗,还需要满足如下两个条件:

(1) 最佳距离有效性:光电对抗最佳的干扰效果就是将来袭光电制导武器引偏,使光电制导武器导引头在其视场内看不到被攻击的目标。在一定引偏距离内是否引偏至导引头视场之外,主要取决于距来袭光电制导武器的距离,因此干扰距离的选择也是能否有效干扰的关键问题。

(2) 干扰时机实时性:战术光电制导导弹末段制导距离一般在几千米至十千米范围内,而导弹速度很快,一般约 $1\sim2.5Ma(1Ma=1224km/h)$,从告警到实施有效干扰时间必须在很短的时间内完成;否则敌方来袭导弹将在未形成有效干扰前就已命中目标。因此,对光电对抗的实时性要求比较强。

7.3.2 光电对抗的分类

光电对抗按功能或技术可分为光电侦察、光电干扰和光电防御,其中光电防御可细分为反光电侦察与反光电干扰。

1. 光电侦察

光电侦察是指利用光电技术手段对敌方光电设备辐射或散射的光波信号进行搜索、截获、定位及识别,并迅速判别威胁程度,及时提供情报和发出告警。光电侦察有主动侦察和被动侦察两种方式。

主动侦察是利用对方光电装备的光学特性而进行的侦察,即向对方发射光束,再对反射回来的光信号进行探测、分析和识别,从而获得敌方情报的一种手段。

被动侦察是指利用各种光电探测装置截获和跟踪对方光电装备的光辐射,并进行分析识别以获取敌方目标信息情报的一种手段。

2. 光电干扰

光电干扰是指利用辐射、散射、吸收特定的光波能量,或改变目标的光学特性,破坏或削弱敌方光电设备的正常工作能力,以达到保护己方目标的一种干扰手段。光电干扰分为有源干扰和无源干扰两种方式。

有源干扰又称为积极干扰或主动干扰,它是利用己方光电设备发射或转发某种敌方光电装置相应波段的光波,对敌方光电装备进行压制或欺骗干扰。它包括诱饵、干扰机、致盲和摧毁。

无源干扰也称消极干扰或被动干扰,这是利用特制器材或材料,发射、散射和吸收光波辐射能量,或人为地改变目标的光学特性,使敌方光电装备效能降低或受骗失效,以掩护真目标的一种干扰手段。无源干扰包括烟幕、隐身、遮蔽和假目标等。

光电对抗领域中的反侦察与反干扰是指防御敌方对己方光电装备的发现、探测、识别和干扰而采取的相应措施。

光电对抗按波段可分为激光对抗、红外对抗、可见光对抗和紫外对抗。红外对抗是光电对抗的主要内容。它是指为削弱、破坏敌方红外设备的使用效能,从而保护己方红外设备的使用而采取的措施和行动的统称。

7.3.3 红外对抗技术

随着红外探测技术在监视、侦察、制导、火控和观瞄等领域的广泛应用,军事目标以及各类重要的经济、政治目标受到来自敌方红外系统的威胁越来越严重。红外热像仪、红外制导、激光测距机和激光雷达等,它们工作在红外波段内。因此必须在红外波段采取相应的对抗手段。

通常情况下,目标不同,光谱辐射特性也不同,所以目标的光谱辐射特性是实施红外对抗的物理基础。对红外侦察及红外制导武器进行对抗,依据目标的光谱辐射特性及红外的传输特性,一般有以下几种方法:

(1) 提供虚假信号,如用红外诱饵弹或红外干扰机给红外制导的导弹提供假信号,使其迷盲或追踪假目标。

(2) 隔断红外信号通路,红外侦察及制导武器一般工作在红外大气窗口,如果将这些大气窗口用烟幕或其他手段隔断,使红外侦察或制导兵器不能获得目标的信息,则可以达到干扰的目的。

(3) 隐蔽或改变自身的辐射特性,如在目标表面喷涂红外涂料,以改变目标红外图像的几何构形,或用各种方法抑制目标的红外辐射等。

在实际应用中,可以采用不同的红外对抗技术,主要有:

1. 红外侦察告警技术

为了有效保护军事目标,出现了各种红外侦察及告警技术。侦察及告警方式一般有主动和被动两种。

主动红外侦察技术由于采用主动工作方式,自身容易暴露。目前这种主动红外夜视仪已经接近被淘汰。现在主要用在治安及各种民用技术。

被动红外告警技术目前主要应用在红外告警器上,是一种配置在军用飞机或舰艇上,对来袭的导弹进行告警的被动侦察设备,旨在提高飞机和舰艇等的自卫和生存能力。红外告警器主要缺点是作用距离短(≤12km),虚警率高,而且不能测距;其优点是可连续被动搜索,对方无察觉。

2. 红外干扰技术

红外侦察与告警是进行红外干扰的基础,适时地对敌方红外器材进行有效干扰才是红外对抗的最终目的。飞机、地面战车、舰艇都有自己的红外特征,如果不能采取有效的措施,敌方的红外制导兵器就可以轻易地将它们击毁。红外干扰包括尽量减少这些目标的红外特征,降低这些目标与周围背景的对比度,使敌方红外系统探测不到目标,或者给敌方红外导引头提供虚假信息,使敌方红外制导兵器迷盲或失效。目前主要的红外干扰器材有红外干扰机、红外诱饵弹、红外遮障、红外隐身涂料及烟幕等。

1)红外干扰机

红外干扰机是一种有源红外对抗装置,通常由红外辐射源、调制器和发射光学系统组成,可发出调制的红外辐射信息,干扰机跟踪时,可使来袭导弹的视场内出现两个热源,目标与干扰信号同时进入跟踪视场,结果使其不能提取出正确的误差信息,造成导弹脱靶。它的作用是防止和阻碍敌方红外制导导弹的导引头获取目标的正确位置信息,从而保护目标的安全。

红外干扰机主要有两种:角度欺骗式干扰机和致盲式干扰机。角度欺骗式干扰机主要用来对抗热点式红外寻的导弹,这种导弹将目标视为点辐射源,通过导引头上的调制盘提取目标的角度信息,控制导弹的飞行方向。致盲式干扰机采用大功率红外辐射源,依靠强功率使导引头的红外探测器产生过载或烧毁。

目前,在红外干扰机中使用的红外辐射源为 $0.75 \sim 2.5 \mu m$ 和 $3 \sim 5 \mu m$ 波段的非相干红外光源,主要有三种:一是各种强光灯,如氙蒸气灯和燃料喷灯等;二是电热式红外辐射源,如电加热陶瓷红外辐射源等;三是燃油加热型红外辐射源,利用燃料室的燃料加热各种膜片,使其产生热辐射。

2)红外诱饵弹

红外诱饵弹作为最早投入实战使用的红外干扰器材之一,目标被红外寻的导弹跟踪时,即发射出红外诱饵弹,该弹在空中燃烧后发出红外辐射,辐射的强度远远大于目标的红外辐射强度,从而将红外寻的导弹诱离目标,达到掩护目标的目的。红外诱饵弹按其所用的燃料可以分为四种:一是烟火类红外辐射源,又称为红外曳光弹;二是凝固油料类红外辐射源;三是红外气球诱饵弹(内充高温气体的特殊气球);四是红外综合箔条。

红外诱饵作为一种欺骗式对抗器材,其特点是结构简单,成本低,可多载多投,释放的能量比干扰机的大。为了能够有效地干扰红外导引头,红外干扰弹必须满足三点基本要求:一是光谱特性必须与被掩护目标的光谱特性接近;二是红外辐射强度必须足够大;三是燃烧时间必须满足战术要求。

3)红外烟幕

红外烟幕作为一种高效廉价、易于研制的光电无源干扰手段,是一种人工产生的遮蔽、伪装物,可为军事设施提供遮蔽,以降低敌方的目视及光学仪器的观察能力,也可以迷惑、致盲敌方。国内外研究表明,它是当前对抗光学制导武器最有效的手段之一,因此受到世界各国的普遍重视。

烟幕干扰是指利用烟幕剂改变光波传输媒质的特性,使光电侦察和制导武器效能降低。烟幕干扰是否有效主要取决于烟幕剂的物理和化学性能。烟幕又可分为燃烧型烟幕(热烟幕)和非燃烧型烟幕(气溶胶或冷烟幕)。烟幕由停留在空气中的无数个微粒组成,这些微粒通常对光波通常有较强的吸收,同时还能将光波散射到各个方向;阻断红外信号在目标与对方探测器之间的传递,以阻止或降低目标自身红外辐射的传播,从而使敌方光学系统接收不到足够强的信号能量,降低目标被红外成像系统探测到的可能性,从而无法发现、识别或跟踪目标。这种烟幕干扰除了能干扰红外点光源制导的导引头外,也能干扰红外成像制导。

4）红外隐身（红外抑制）

红外隐身技术是20世纪80年代发展起来的反侦察手段，是指利用某种方法降低或改变目标的红外辐射特性，降低目标与背景之间的对比度，以减小目标被敌方的红外探测器探测的概率，从而达到保护自己的目的。战争中最好的保护自己的方法是不被敌方发现，因此隐身成为现代战争中非常重要的一个环节。这是一种消极干扰措施，主要是抑制武器装备等目标在敌方红外探测系统方向上的红外辐射。

抑制目标红外辐射的技术措施主要包括：

（1）改进发动机结构设计或外形，即从合理的外形结构上下功夫，减少飞行器的气动加热或改变辐射的分布方向。

（2）研制新的燃料，如使用降低排气红外辐射的燃料；在燃料中加入特殊添加剂以减少排气的红外辐射波长等，或改进燃料成分以降低红外源的辐射强度等。

（3）采用吸热、隔热材料和涂料，如红外反射涂层、漫反射伪装涂料、隔热泡沫塑料和中远红外伪装涂层等。

（4）利用气溶胶屏蔽发动机尾焰的红外辐射。

（5）采用闭合环路冷却的环境控制系统，用以降低载荷设备的工作温度。

3. 红外对抗技术的发展方向

随着红外探测和红外制导技术的研制和开发，红外对抗技术也越来越成熟，已快速向综合性、一体化、多元化、立体化等方向发展。

（1）综合性：将不再是单一设备工作，而是集多个设备、多个波段、有源和无源干扰手段于一体，分析和识别威胁源，从而找到最佳对抗方案和对抗时机，达到最佳对抗效果。

（2）一体性：将光电探测与干扰、软杀伤与硬杀伤集合到一体，以便对抗多类型、多目标、多批次的光电精确制导武器。

（3）多元化：利用新能源、新材料和新技术开发新型设备，使光电对抗手段越来越丰富。

（4）立体性：为了争夺制空权，在各个维度、各个空间开发红外对抗设备。

在未来现代化战争或局部战争中，适时运用红外对抗技术，就能够有效地保护自身目标的安全。只有大力提高红外对抗的水平，才有可能在未来战争中保持主动。

由于红外光为不可见光，不利于实验和现象观察，为了更直观地显示和分析光电探测、侦察告警和干扰，我们采用输出可见光的LED作为光源进行实验。实验中利用光电对抗综合设计系统整体模拟光波段信息的获取和反获取的光电对抗过程。该系统包括蓝方和红方两大部分（两大组），红方发出一定波长、特定规律编码的光源脉冲，侦察和判别敌方反射目标（蓝方光电系统）的反射光信息，并给出声报告。蓝方截获和判别来袭光源脉冲的编码特征参数，给出来袭光源告警；并根据来袭光源脉冲特征参数，发射一束强光源照射假目标，使红方系统产生虚警。

7.4 实验项目

红外物理与光电对抗实验共设计5个实验项目，分别是红外光学材料的特性研究、红外发射管的特性研究、红外接收管的伏安特性研究、光电探测与侦查报警、光电信号解析与干扰。实验内容涵盖了红外辐射的发射、吸收、传输与接收以及光电探测、侦查告警和光电干扰等知识。希望通过这些实验,让大家对红外辐射的原理和红外对抗在军事上的应用有一个深刻的理解。

实验 7.1　红外光学材料的特性研究

【实验目的】
1. 了解红外辐射与介质相互作用时发生的各种现象的机理和规律。
2. 研究不同光学材料的红外特性。

【实验仪器】
红外发射装置、红外接收装置、测试平台(轨道)、发射管、接收管以及测试镜片。

【实验内容】
1. 测量经过测试镜的反射光强和透射光强。
2. 计算不同红外材料的反射率、折射率和衰减系数。

本实验系统组成如图 7.13 所示,红外发射与接收装置面板如图 7.14 所示。

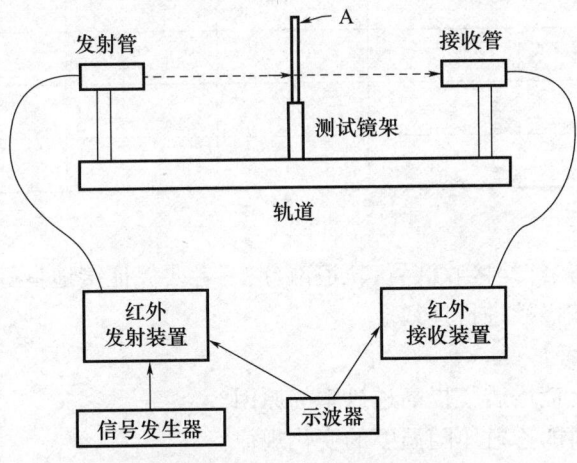

图 7.13　实验系统组成框图

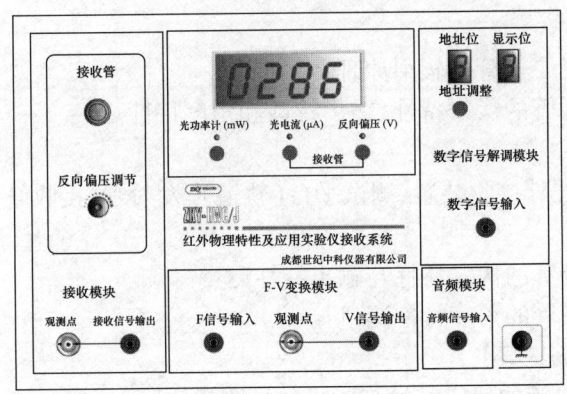

图 7.14　红外接收装置面板图

【实验步骤与数据记录】

1. 将红外发射器连接到发射装置的"发射管"接口,接收器连接到接收装置的"接收管"接口,二者相对放置,通电。
2. 连接电压源输出到发射模块信号输入端 2,向发射管输入直流信号。将发射系统显示窗口设置为"电压源",接收系统显示窗口设置为"光功率计"。
3. 在电压源输出为 0 时,若光功率计显示不为 0,即为背景光干扰或零点误差,记下此时显示的背景值,以后的光强测量数据应是显示值减去该背景值。
4. 调节电压源,使初始光强 $I_0 > 4\text{mW}$,微调接收器受光方向,使显示值最大。
5. 按照表 7.2 中样品编号安装样品(样品测试镜厚度都为 2mm),测量透射光强 I_T。
6. 将接收端红外接收器取下,移到紧靠发光二极管处安装好,微调样品入射角与接收器方位,使接收到的反射光最强,测量反射光强 I_R。将测量数据记入表 7.2。
7. 对衰减可忽略不计的红外光学材料,计算反射率、折射率。对衰减严重的材料,计算反射率、衰减系数和折射率。

表 7.2 部分材料的红外特性测量初始光强 I_0(mW)

材料	样品厚度 /mm	透射光强 I_T/mW	反射光强 I_R/mW	反射率 R	折射率 n	衰减系数 α/(/mm)
测试镜 01						
测试镜 02						
测试镜 03						

注意:
1. 红外发生装置、红外接收装置、轨道部分,三者要保证接地良好。
2. 实验中注意按极性进行连线。

【实验总结与思考】

1. 在光学材料上镀增透膜提高透过率的原因?
2. 不同光学材料的透射比随温度的变化规律?

实验 7.2 红外发射管的特性研究

【实验目的】

1. 了解红外发光二极管的辐射原理。
2. 研究红外发射管的伏安特性、输出特性和角度特性。

【实验仪器】

红外发射装置、红外接收装置、测试平台(轨道)、发射管、接收管。

【实验内容】

1. 红外发光二极管的伏安特性与输出特性测量。
2. 红外发光二极管的角度特性测量。

【实验步骤与数据记录】

一、红外发光二极管的伏安特性与输出特性测量

1. 将红外发射器与接收器相对放置,连接电压源输出到发射模块信号输入端 2,微调接收端受光方向,使显示值最大。将发射系统显示窗口设置为"发射电流",接收系统显示窗口设置为"光功率计"。

2. 调节电压源,改变发射管电流,记录不同发射电流下接收器接收到的光功率。

3. 将发射系统显示窗口切换倒"正向偏压",记录与发射电流对应的发射管两端电压。将数据记录于表7.3中。

表7.3 发光二极管伏安特性与输出特性测量

正向偏压/V									
发射管电流/mW	0	5	10	15	20	25	30	35	40	45
光功率/mW									

二、红外发光二极管的角度特性测量

1. 将红外发射器与接收器相对放置,固定接收器。将发射系统显示窗口设置为"电压源",将接收系统显示窗口设置为"光功率计"。

2. 连接电压源输出到发射模块信号输入端2,微调接收端受光方向,使显示值最大。增大电压源输出,使接收的光功率大于4mW。

3. 以最大接收光功率点为0°,记录此时的光功率,以零度为基准,顺时针方向(作为正角度方向)每隔5°记录一次光功率;再以逆时针方向(作为负角度方向)每隔5°记录一次光功率,填入表7.4中。

4. 根据表7.4中的数据,以角度为横坐标,光强为纵坐标,作红外发光二极管发射光强和角度之间的关系曲线,并得出方向半值角(光强为最大光强50%的角度)。

表7.4 红外发光二极管角度特性的测量

转动角度	−30	−25	−20	−15	−10	−5	0	5	10	15	20	25	30
光功率/mW													

注意:

仪器实际显示值可能无法精确的调节到表7.3中设定值,应按实际调节的发射电流数值为准。

【实验总结与思考】

总结发光二极管的工作原理及应用,思考如何控制发光二极管发射光谱的中心波长。

实验7.3 红外接收管的伏安特性研究

【实验目的】

1. 掌握光伏效应的原理。
2. 研究红外光电二极管的伏安特性,了解其实际应用。

【实验仪器】

红外发射装置、红外接收装置、测试平台(轨道)、发射管、接收管。

【实验内容】

红外光电二极管伏安特性的测量。

【实验步骤与数据记录】

1. 连接方式同实验 7.2。调节发射装置的电压源,使光电二极管接收到的光功率如表 7.4 所示。

2. 调节接收装置的反向偏压调节,在不同输入光功率时,切换显示状态,分别测量光电二极管反向偏置电压与光电流,记录于表 7.5 中。

3. 根据表 7.5 中数据,作光电二极管的伏安特性曲线。

表 7.5　光电二极管伏安特性的测量

反向偏置电压 /V		0	0.5	1	2	3	4	5
P = 0	光电流/μA							
P = 1mW								
P = 2mW								
P = 3mW								

【实验总结与思考】

讨论所作曲线与图 7.4 的规律是否符合,分析其原因,比较光电二极管和普通二极管的异同。

实验 7.4　光电探测与侦查报警实验

【实验目的】

了解光电对抗的基本概念及特征,理解光电对抗需要满足的条件。

【实验仪器】

发射 LED(红光)、准直透镜、分光光楔(直径 50mm,5∶5 分光)、聚焦镜、探测器、红方激光发射器、红方相关报警器、光阑。

【实验内容】

1. 红方实施探测。
2. 红方侦查报警并判断接收信号。

【实验步骤】

1. 按图 7.15 将"红方激光发射器"机箱后面板三针航空插口与"LED 光源"连接,将"红方侦察报警器"机箱后面板两针航空插口与"红方探测器"连接,"红方激光发射器"和"红方侦察报警器"之间"通讯"使用专用数据线。

图 7.15　红方发射面板及侦察报警面板实物图

2. 参考图 7.16 搭建光路,光学多孔板依次为发射 LED(红光)、准直透镜(直径 20mm,焦距 30mm)、分光光楔、蓝方目标物(探测器)、聚焦镜(直径 25.4mm,焦距 40mm)、红方探测器。

3. 分别打开"红方激光发射器"和"红方侦察报警器",即可看到 LED 发射红光,参照分光光楔适当调整 LED 的中心高度,并确定 LED 发光指向基本沿多孔板的某一空位。

4. 在 LED 后方安装准直透镜,一般选取直径 20mm,焦距 30mm 的透镜,调整准直透镜前后位置,使中心与 LED 发光点约 30mm,其后即可发射有一定大小的光斑。

5. 如图 7.16 所示,发射光经第一个分光镜后入射到另一个分光镜上,此时分光镜透射的光会打在蓝方目标物上,蓝方目标物的反射光会再次通过第一个分光镜,反射后经聚焦透镜(直径 25.4mm,焦距 40mm)入射红方探测器上。

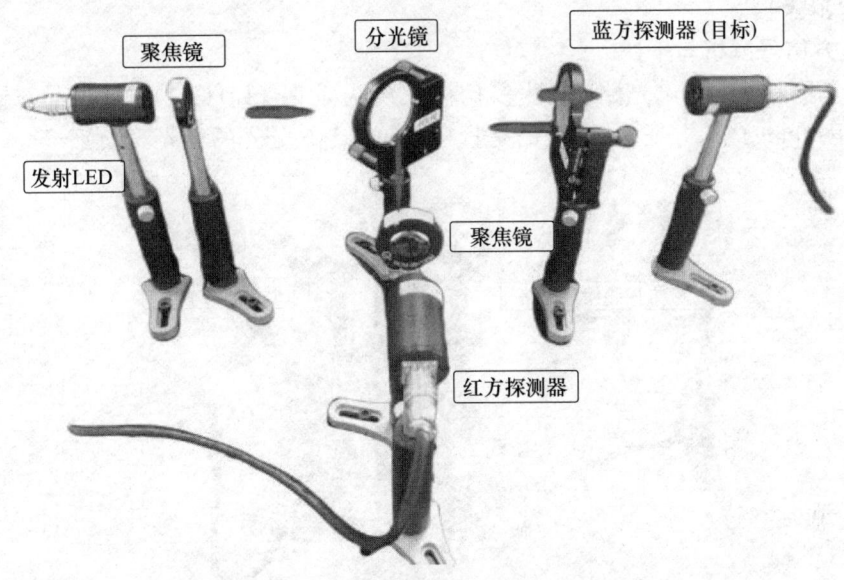

图 7.16 红方探测及侦察报警光学实物图

6. 如果红方探测器接收的是红方发射的探测光,那么"红方侦察报警器"的前面板数码管将显示与发射器相同的频率,并产生报警,那么我们评价红方目标探测成功。

7. 红方发射器上提供了 4 种频率的方波信号,如果红方改变信号频率后相关报警器不再工作,那么红方可以判断信号是对方发出的干扰信号;如果红方改变信号频率后相关报警器仍能正常工作,那么红方可以判断信号是目标物的返回信号。

注意:
1. LED 发光面积较大,通过 LED 获得平行光较为困难。
2. 调节过程中有可能会遇到光源太弱,红方探测器没有响应,可以在红方探测器增加聚焦透镜。

【实验总结与思考】
红方发出一定波长、特定编码的光源脉冲,侦察和判别敌方反射目标(蓝方光电系统)的反射光信息,并给出声报告。思考在军事战争中如何实施探测、截获和识别敌方信息。

实验7.5 光电信号解析与干扰实验

【实验目的】

理解光电对抗需要满足的条件,以及如何实现自动干扰,了解其军事应用需求。

【实验仪器】

发射LED(红光)、准直透镜、分光光楔(直径50mm,5∶5分光)、聚焦镜、探测器、红方激光发射器、红方相关报警器、蓝方激光发射器、蓝方激光侦测器、光阐。

【实验内容】

1. 蓝方信号解析与干扰。
2. 红蓝光电对抗整体光路分析及蓝方干扰自动化。

【实验步骤】

一、蓝方信号解析与干扰

1. 参考图7.17搭建光路,光学多孔板依次为发射LED(红光)、准直透镜(直径25mm,焦距40mm)、蓝方反射镜(用的是直径50mm,5∶5分光的分光光楔)。

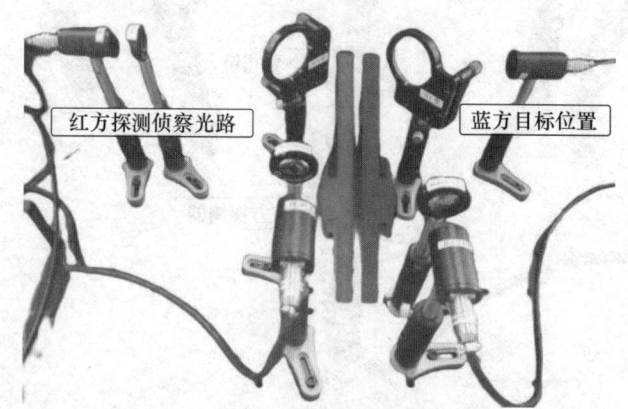

图7.17 蓝方获取红方探测信号示意图

2. 按如图7.18所示将探测器与蓝光侦察器后面板的两孔航空插头与探测器连接,通过探测器获取红方的探测信号,同时可以通过示波器或者蓝方侦测器获得信号的波形和频率,此时蓝方需要做出反馈,完成干扰光发射。

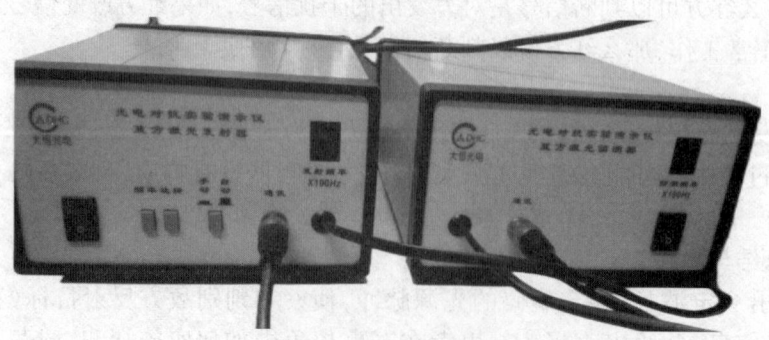

图7.18 蓝方激光发射器和侦测器实物图

3. 将"蓝方激光发射器"机箱后面板三针航空插口与"LED 光源"连接,安装干扰发射 LED,调节适当高度。

4. 在 LED 后方安装准直透镜,一般选取直径 25mm,焦距 40mm 的透镜,调整准直透镜前后位置使中心与 LED 发光点约 40mm,其后即可发射有一定大小的光斑。

5. 安装反射镜,保证反射光束与来自红方的探测光束重合,由于光路的可逆性,干扰光仍能被红方探测器接收,产生红方虚警,成功干扰,此时蓝方目标已经挪开。

二、红蓝光电对抗整体光路分析及蓝方干扰自动化

1. 在完成红方探测和蓝方干扰的基本任务,光路可以按照图 7.17 布置,为进一步应对红方探测,蓝方将探测信号实时放在光路中,如图 7.19 中右侧部分,这样蓝方可以实时监视红方信号的变化。

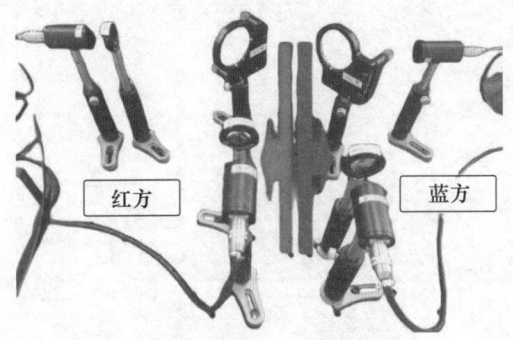

图 7.19 光电对抗整体光路

2. 蓝方启动自动干扰决策功能,将蓝方发射器与蓝方侦测器通过同轴电缆连接,如果红方更改探测信号频率,蓝方自动切换光源发射频率,让红方仍然认为所接收信号为自身发射信号。

【实验总结与思考】

思考在军事战争中如何防御敌方对己方光电装备的发现、探测、识别并实施干扰。

参考文献

1. 杨风暴. 红外物理与技术[M]. 北京:电子工业军出版社,2014.
2. 付小宁,王炳健,王荻. 光电定位与光电对抗[M]. 北京:电子工业出版社,2012.
3. 李云霞,蒙文,等. 光电对抗原理与应用[M]. 西安:西安电子科技大学出版社,2009.
4. 时家明,路远. 红外对抗原理[M]. 北京:解放军出版社,2002.
5. 陈钱,隋修宝. 红外图像理论与技术[M]. 北京:电子工业出版社,2018.